国家级职业教育规划教材

全国职业院校艺术设计类专业教材

室内设计概论

（第二版）

梁 锟 李小康 主编

中国劳动社会保障出版社

简介

本教材主要内容包括室内设计风格与流派、室内设计要素、居住空间室内设计、办公空间室内设计、餐饮空间室内设计、酒店室内设计和商业综合体室内设计。教材引用了大量实例配合理论讲解，并在各章后面设有技能训练，引导学生通过训练掌握相关知识和技能。

本教材由梁锟、李小康任主编，翁萌、任庆国、高凤参加编写，吴筱兰审稿。

图书在版编目（CIP）数据

室内设计概论 / 梁锟，李小康主编 . -- 2 版 . -- 北京：中国劳动社会保障出版社，2022

全国职业院校艺术设计类专业教材

ISBN 978-7-5167-5331-6

Ⅰ. ①室…　Ⅱ. ①梁…②李…　Ⅲ. ①室内装饰设计 – 职业教育 – 教材　Ⅳ. ①TU238.2

中国版本图书馆 CIP 数据核字（2022）第 084916 号

中国劳动社会保障出版社出版发行

（北京市惠新东街 1 号　邮政编码：100029）

*

北京市艺辉印刷有限公司印刷装订　　新华书店经销

880 毫米 × 1230 毫米　16 开本　19.25 印张　451 千字

2022 年 8 月第 2 版　　2024 年12月第 3 次印刷

定价：59.00 元

营销中心电话：400-606-6496

出版社网址：http://www.class.com.cn

http://jg.class.com.cn

前言

艺术设计类专业的研究内容和服务对象有别于传统的艺术门类，它涉及社会、文化、经济、市场、科技等诸多领域，其审美标准也随着时代的变化而改变。2022年，我们对全国职业院校艺术设计类专业教材进行了修订，重点做了以下几方面的工作。

第一，更新了教材内容。对上版教材中的部分内容进行了调整、补充和更新，使教材更加符合当前职业院校艺术设计类专业的教学理念和实践方法。进一步增加了实践性教学内容的比重，强调运用案例引导教学。这些案例一部分来自企业的真实设计，缩短了课堂教学与实际应用的距离；还有一部分来自优秀学生作品，它们更加贴近学生的思维，容易得到学生的共鸣，增强学生学习的自信心。

第二，提升了教材表现形式。通过选用更优质的纸张材料、更舒适的图书开本及更灵活的版式设计，增加了教材的时代感和亲和力，激发了学生的学习兴趣。同时，加强了图片、表格及色彩的运用，营造出更加直观的认知环境，提高了教材的趣味性和可读性。

第三，加强了教材立体化资源建设。在教材修订的同时，开发了与教材配套的电子课件，包含上机操作内容的教材还提供了相关素材，可登录技工教育网（http://jg.class.com.cn），搜索相应的书目，在相关资源中下载。

本套教材的编写得到了有关学校的大力支持，教材编审人员做了大量工作，在此我们表示衷心的感谢！同时，恳切希望广大读者对教材提出宝贵的意见和建议。

人力资源社会保障部教材办公室

第三章 室内设计要素

053

第四章 居住空间室内设计

113

目录

Contents

第七章

酒店室内设计

231

第八章

商业综合体室内设计

277

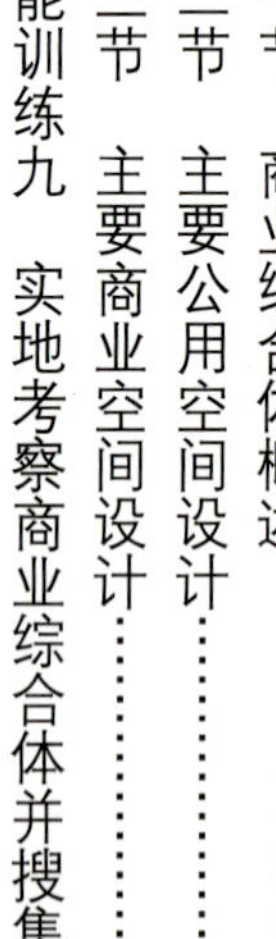

办公空间室内设计

149

第五章

餐饮空间室内设计

185

第六章

第一章

室内设计概述

学习目标

◆掌握室内设计的内容。

◆了解室内设计的分类、依据和原则。

◆了解对室内设计人员的知识和技能要求。

◆掌握室内设计的程序。

本章思维导图

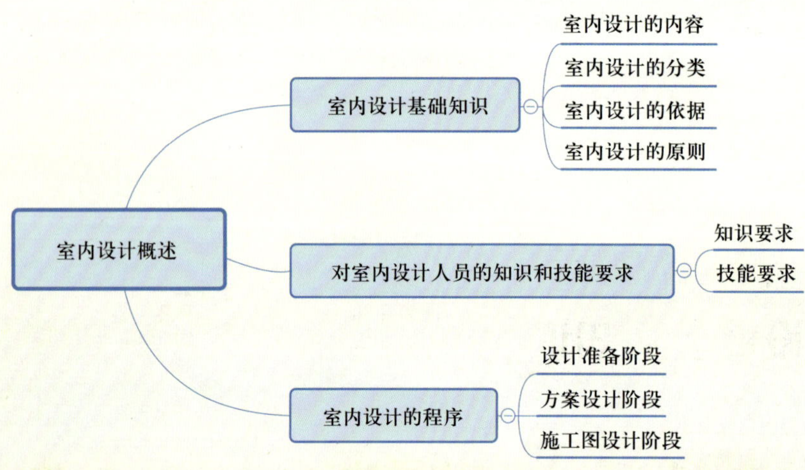
室内设计概述
室内设计基础知识
室内设计的内容
室内设计的分类
室内设计的依据
室内设计的原则
对室内设计人员的知识和技能要求
知识要求
技能要求
室内设计的程序
设计准备阶段
方案设计阶段
施工图设计阶段

现代室内设计也称室内环境设计，是环境设计中与人关系最为密切的一个学科。从宏观看，室内设计能反映某一个时期社会物质和精神生活的特征，与当时的哲学思想、美学观点、社会经济、民俗民风等密切相关。从单独作品看，室内设计能反映设计者的专业水平和文化艺术素养。

第一节 SECTION 1 室内设计基础知识

室内设计是指为满足人类生活、工作的物质需求和精神需求，根据空间的使用性质、所处环境和相应标准，运用物质技术手段和美学原理，同时结合历史、环境风格等，营造功能合理、舒适美观、符合人类生理与心理需求的内部空间环境。所以说，室内设计是建筑设计的延续，是建筑空间概念深化的体现，是一项涉及多学科、多工种、多内容的综合性设计。

一、室内设计的内容

人是室内设计服务的主体。从人的感官来分析，室内环境主要包括视觉环境、听觉环境、触觉环境、嗅觉环境等，其中视觉环境对人的影响最为直接和强烈。客观环境因素和人对环境的主观感受是现代室内环境设计需要探讨和研究的主要问题。

创造舒适优美的室内环境，一方面需要富有激情，考虑文化内涵，运用建筑美学原理进行创作；另一方面需要以客观环境因素（如声、光、热等）作为设计的基础，主观的视觉感受或环境气氛的创造需要与客观的环境因素紧密结合。

1. 室内空间组织

室内空间组织是指在充分理解建筑设计意图，深入了解建筑物的总体布局、功能分析、人流动向和结构体系等基础上，对室内空间和平面布置予以完善、调整或再创造。

2. 室内空间界面设计

室内空间界面设计是指根据空间的设计要求，对室内空间的围护面（即天花板、墙面、地面）、建筑局部、建筑构件（造型、纹样、色彩、肌理和质感）等的处理，以及界面和结构构件的连接构造，界面和通风、水、电等管线设施的协调配合等方面的设计。它们对于体现建筑风格和实现空间艺术效果起着至关重要的作用。界面设计不一定要做“加法”，一些建筑物的结构构件（如网架屋面、混凝土柱身、清水墙等）也可以不加装饰，这正是单纯的装饰和室内设计在设计思路上的不同之处（见图 1-1 至图 1-3）。

❶ 图 1-1　马德里巴拉哈斯机场内景

❷ 图 1-2　某公共建筑室内顶的造型处理

图 1-3 某公共建筑水泥板墙面效果

3. 家具与陈设设计

家具与陈设设计包括家具自身的设计和家具在室内空间的组织与布置两个方面。家具设计是室内装饰设计的重要组成部分，家具自身的设计必须以使用方便、舒适为目标，在造型风格上与室内空间环境相协调（见图 1-4）。

室内陈设设计包括确定室内工艺品及相关的陈设品、装饰织物、绿化小品和水体、山石等的选用与布置。

4. 色彩设计

色彩设计是对整体环境色彩的综合考虑，色彩设计得当可提高设计作品的效果。但色彩设计一定要考虑时效性，即使用者对色彩感容忍的时效。短暂停留的场所可用大胆的配色，如商场、展览馆等（见图 1-5），而长期使用的场所（如居室等）则不宜采用强烈对比的配色。

5. 照明设计

照明设计除考虑实际需要的照度外，添加照明气氛也是很重要的。照明设计主要包括确定照明方式，照度分配，光色、灯具的选用（见图 1-6）。

图 1-4 家具设计

图 1-5 某商场的色彩设计

6. 技术要素设计

技术要素设计是指在建筑装饰设计中充分运用当代科学技术成果，包括结构构成和施工工艺、新型材料，以及通风、采暖、温湿调节、通信、消防、隔噪、视听等要素，使建筑空间环境具有安全性和舒适性。

随着社会生活的发展和科技的进步，室内设计需要考虑的新的内容还有很多。对于从事室内设计的人员来说，虽然不可能掌握所有涉及的内容，但是也应尽可能熟悉相关的基本内容，了解与该室内设计项目关系密切、影响比较大的环境因素，在设计时既能主动考虑各项因素，又能与有关工种专业人员相互协调、密切配合，有效提高设计质量。

图 1-6 某餐厅照明设计

二、室内设计的分类

室内设计和建筑设计类似，从大的类别可分为居住建筑室内设计（见图 1-7）、公共建筑室内设计（见图 1-8）、工业建筑室内设计、农业建筑室内设计等。公共建筑室内设计又包括办公空间室内设计、餐饮空间室内设计、酒店空间室内设计和商业综合体室内设计等。

在实际应用中，室内设计一般针对居住建筑和公共建筑。不同类别的室内环境因功能不同而性质各异，其在设计标准和要求上会有很大差异，设计时必须具体分析。只有掌握了现代室内设计的本质和方法，并充分把握个别空间的特殊性，才能创造出理想的环境效果。

图 1-7 居住建筑室内设计

图 1-8　公共建筑室内设计

三、室内设计的依据

1. 室内空间功能分区

室内设计是功能性很强的艺术，在进行设计时首先要对空间进行合理的功能分区，同时注意各区域之间的面积比例关系和分配布局。例如，对餐厅进行功能分区时，首先要分析餐厅顾客的就餐流程（见图 1-9）及对就餐环境的要求，合理安排布置不同的就餐区和服务设施、辅助设施等，如餐厅服务台、散座区、宴会厅、雅间、厨房等。

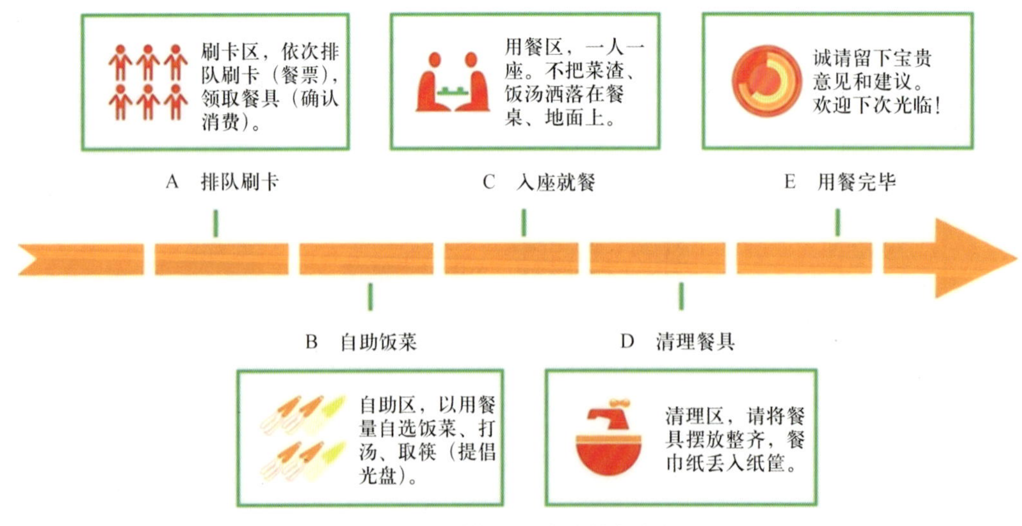

图 1-9　某餐厅顾客的就餐流程

2. 人体工程学

室内空间装饰、家具陈设等为人所用，因此要满足人的各种需求，并以方便、舒适、合乎科学为目的，以人体的相应尺寸数据为依据进行设计。

人体工程学就是以人为主体，运用人体计测和生理、心理计测等手段、方法，研究人体结构功能、心理、力学等方面与室内环境之间的协调关系，以适合人的身心活动要求，达到最佳的使用效能。将人体工程学应用在室内设计中的最终目标是安全、健康、高效和舒适。

人体工程学在室内设计中的作用如下：

（1）确定人在室内活动所需空间的主要依据

根据人体工程学中的有关计测数据，从人的尺寸、动作、心理空间和人际交往空间等方面确定空间范围（见图 1-10）。

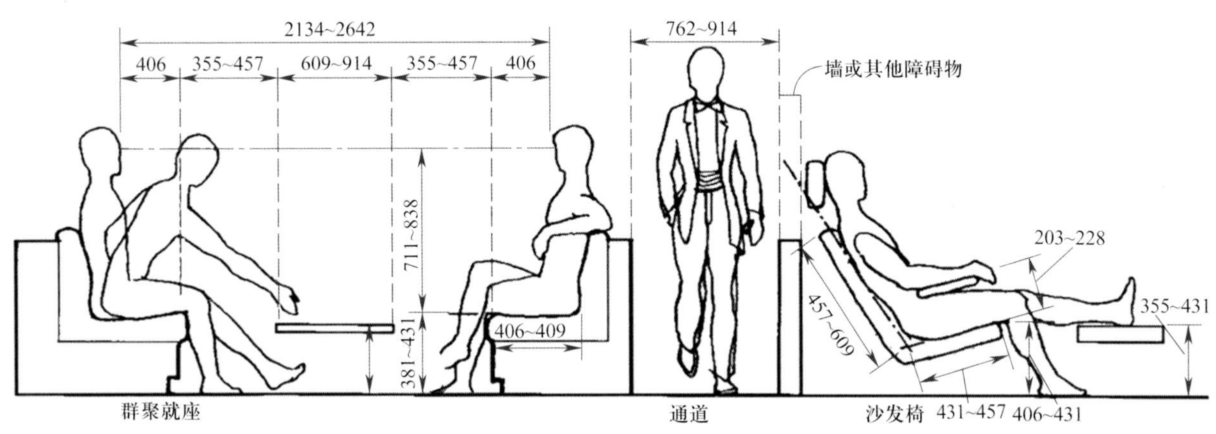

图 1-10 人体工程学常见活动尺寸（单位：mm）

（2）确定家具、设施的形体、尺寸及使用范围的主要依据

家具设施为人所用，因此其形体、尺寸必须以人体尺寸为主要设计依据；同时，家具和设施的周围必须留有人活动和使用的最小空间，这些都需要应用人体工程学予以解决。例如，对于商场来说，空间设计要做到平面布置合理、营业大厅宽敞、顾客流动路线合理、交通组织有序、通道通畅、安全防火等，就必须运用人体工程学来提供保障（见图 1-11）。

（3）提供适合人体的室内物理环境的最佳参数

室内物理环境主要包括热环境、声环境、光环境、重力环境、辐射环境等。由人体工程学得到的室内物理环境的相关参数可为室内温度调节、室内声学设计、室内光照设计、室内色彩设计、视觉最佳区域设计等提供科学的依据。

3. 环境心理学

环境心理学是研究环境与人的行为之间相互关系的学科，它着重从心理学和行为的角度探讨人与环境的最优化。

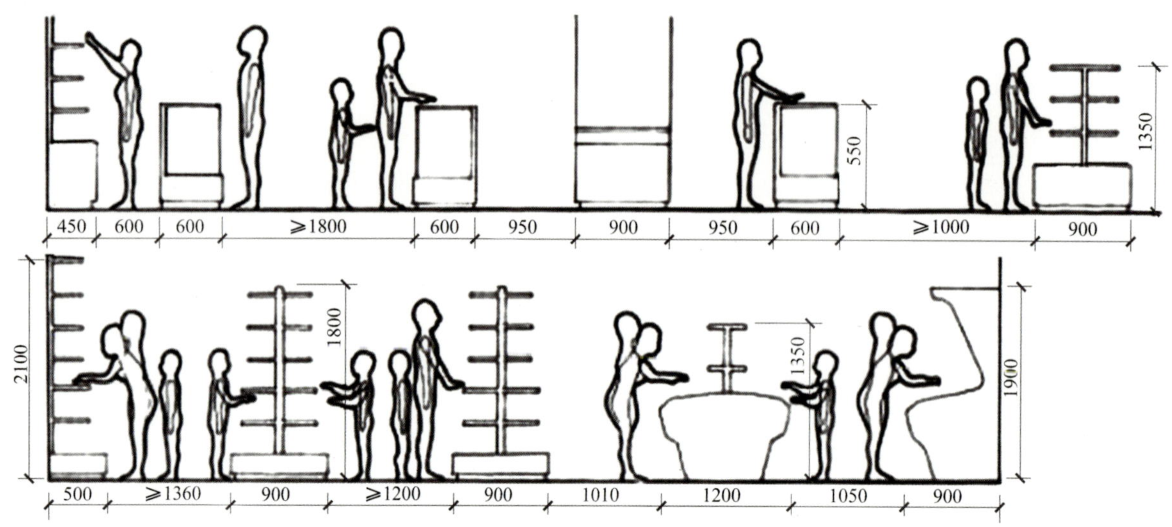

图 1-11 商场布置常见尺寸（单位：mm）

四、室内设计的原则

室内设计应遵循以下五大原则。

1. 功能性原则

空间的布局、界面装饰、陈设、环境气氛等应与其功能统一。室内设计的目的是在建筑设计提供的物质环境基础上，根据人们实际的生活、生产需要，运用多种手法创造理想的人工环境。可以说，将室内空间赋予相应的使用功能是室内设计最本质的工作。

2. 整体性原则

整体性原则是为了保证室内空间具有协调的美感。室内设计师基于建筑的整体设计，对各种环境、空间要素进行重新整合和再创造，将创意构思的独特性和建筑空间的完整性相融合，体现了室内设计的整体性原则。

3. 艺术性原则

室内环境营造的目标之一就是根据人们对于居住、工作、学习、休闲、娱乐等行为和生活方式的要求，通过设计使其具有相应的实用性及舒适度，同时最大程度地与艺术结合，在使用中体现美感、丰富的文化内涵及个性化表达。

4. 生态性原则

尊重自然、关注环境、保护生态是生态性原则的最基本内涵。设计师需要本着生态设计、绿色建材、节约资源、降低能耗等理念进行室内设计，使创造的室内环境与社会经济、自然生态、环境保护协调发展，使人与自然能够和谐、健康地共处。

5. 人本主义原则

作为与人的关系最为密切，为人们每日起居、工作等活动提供场所的室内空间，其品质直接关系到人们的生活质量。因此，室内设计应以满足人和人际活动的需要为核心，以人为本，为人服务。人本主义原则是室内设计的出发点和归宿。

第二节

SECTION 2

对室内设计人员的知识和技能要求

一、对室内设计人员的知识要求

1. 学科知识方面

（1）良好的设计创作基础：具有平面设计创作基础、空间设计创作基础，以及绘画、雕塑、摄影等基础。

（2）充实的理论知识储备：了解设计心理学、色彩学、造型原理等。

（3）对艺术与设计历史的了解：了解艺术、建筑、家具、饰品等的发展历史。

（4）其他室内设计相关知识：了解空间规划、图形学、人体工程学、测量学等相关知识。

2. 专业技术知识方面

（1）建筑结构与构造知识：掌握建筑的结构形式、建筑的基本构造组成等。

（2）室内设备系统知识：掌握水电、燃气、空调、采暖、通风等设备的相关知识。

（3）室内装饰材料相关知识：掌握地面、顶棚、墙面材料的种类和特性。

（4）设计中应严格遵守的建筑法律法规。

（5）安全常识与消防规范知识。

二、对室内设计人员的技能要求

1. 作图能力

（1）基本的徒手绘图能力（见图 1-12 和图 1-13）。

图 1-12　钢笔淡彩绘图

图 1-13　马克笔手绘室内效果图

（2）运用计算机二维绘图软件（如 AutoCAD 等）绘制图样的能力（见图 1-14 和图 1-15）。

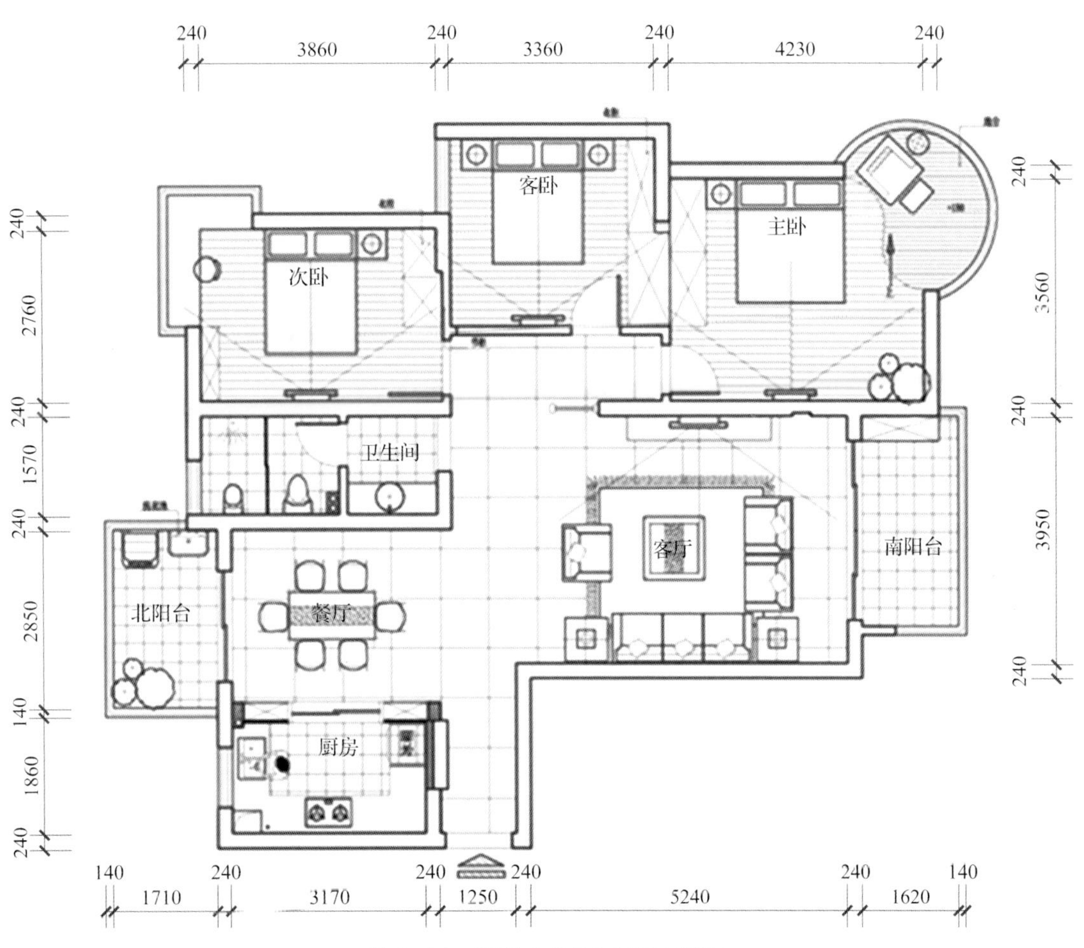

图 1-14　某室内 CAD 平面布置图

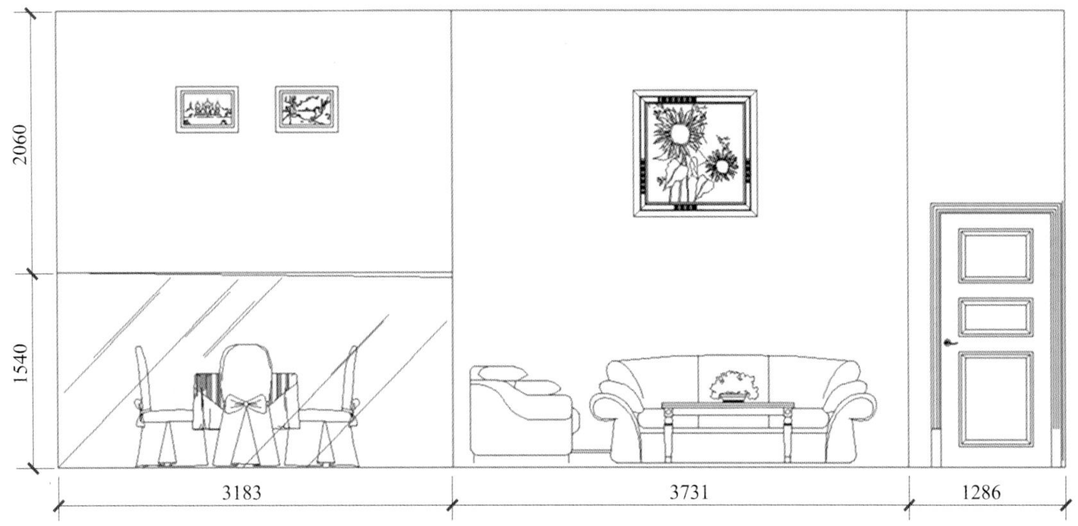

图 1-15　某室内 CAD 立面及侧立面图

（3）使用图像处理软件（如Photoshop软件）处理图像的能力（见图1-16）。

（4）使用三维造型软件（如SketchUp、3ds Max）建模，进行设计方案推敲的能力（见图1-17和图1 18）。

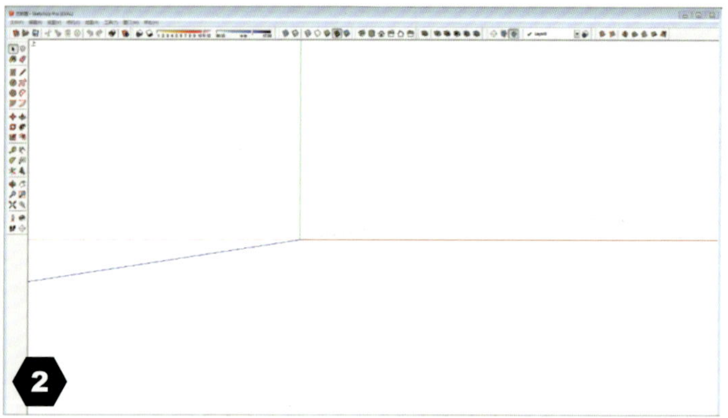

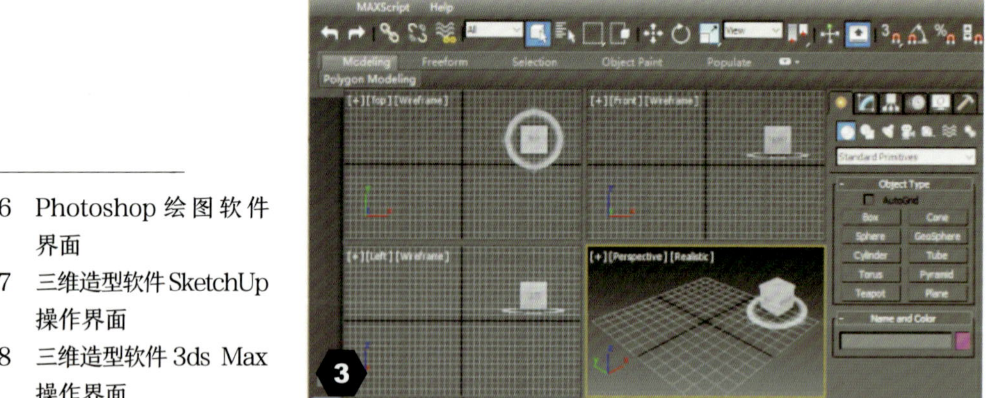

❶ 图1-16　Photoshop绘图软件界面

❷ 图1-17　三维造型软件SketchUp操作界面

❸ 图1-18　三维造型软件3ds Max操作界面

2. 方案设计能力

能够根据客户要求系统地完成方案设计（见图 1-19）及施工图绘制。

3. 沟通能力

具备优秀的表达能力和沟通能力，能站在客户的角度看待和理解问题。

4. 鉴赏能力

在形体方面具有很好的鉴赏能力，对空间的架构有敏锐的感受能力。

5. 管理能力

能够对施工质量进行有效的检查和监督，协助项目负责人完成施工项目的竣工验收等。

图 1-19 某室内设计方案

第三节 SECTION 3 室内设计的程序

一、设计准备阶段

1. 明确设计任务和要求

与客户进行广泛而深入的沟通，了解客户的基本情况，以及客户对于室内环境氛围、风格定位、个性喜好、预算投资等方面的要求。

2. 现场踏勘

到现场观察、拍照，了解室内建筑构造情况，测量室内空间的详细尺寸并记录数据（见图 1-20）。

图 1-20　现场踏勘

3. 资料的综合分析及设计定位

（1）根据设计任务收集设计基础资料，包括项目所处的环境、自然条件、场地关系、土建施工图及土建施工情况等必要信息。

（2）了解建设方（业主）对设计的要求。

（3）熟悉设计有关的规范和定额标准，了解当地材料的行情、质量及价格，收集必要的信息，参观同类实例。在对建设方意向及设计基础资料做了全面了解、分析之后，确定设计计划。在签订合同或编制投标文件时，应写明设计进度安排和设计费率标准。

二、方案设计阶段

方案设计阶段主要包括方案构思及深化、方案成果文件形成。

1. 方案构思及深化

在设计准备阶段的基础上，进一步收集、分析与设计任务有关的资料信息，进一步考虑平面布置的关系、空间处理及材料选用、家具、照明和色彩等，以深化设计构思及进行多方案比较。

此阶段应注意以下几个问题：

（1）解决功能问题，从平面图入手，明确安排功能系统布局。

（2）解决形式风格问题，根据功能系统的构思大胆把握形式。

（3）从功能、形式、造价、材料、位置、环境等多角度展开构思。

2. 方案成果文件形成

在设计方案优化明确后，完成相关图样文件的表达。设计方案的成果文件通常包括以下几项：

（1）室内设计平面图，包括家具布置、地面铺装（见图 1-21）。

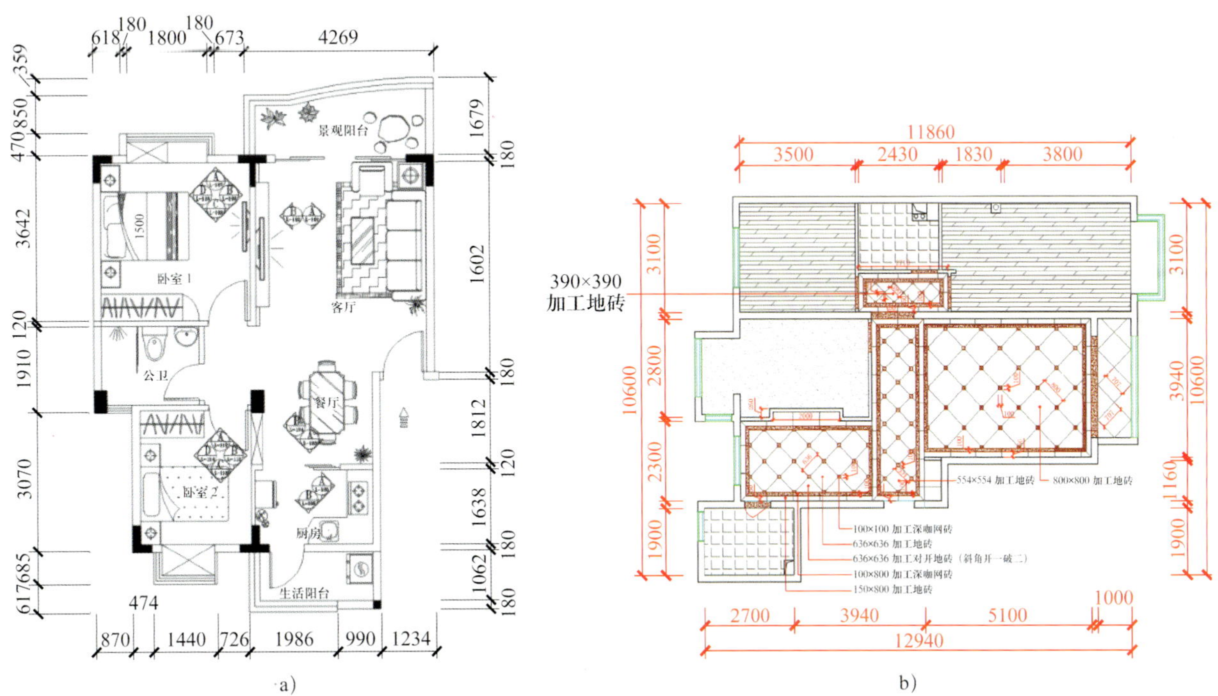

图 1-21 某室内设计平面图

a）家具布置 b）地面铺装

（2）室内设计立面图（见图 1-22）。

（3）室内设计顶棚平面图，包括灯具、风口等（见图 1-23）。

（4）室内设计透视图（见图 1-24）。

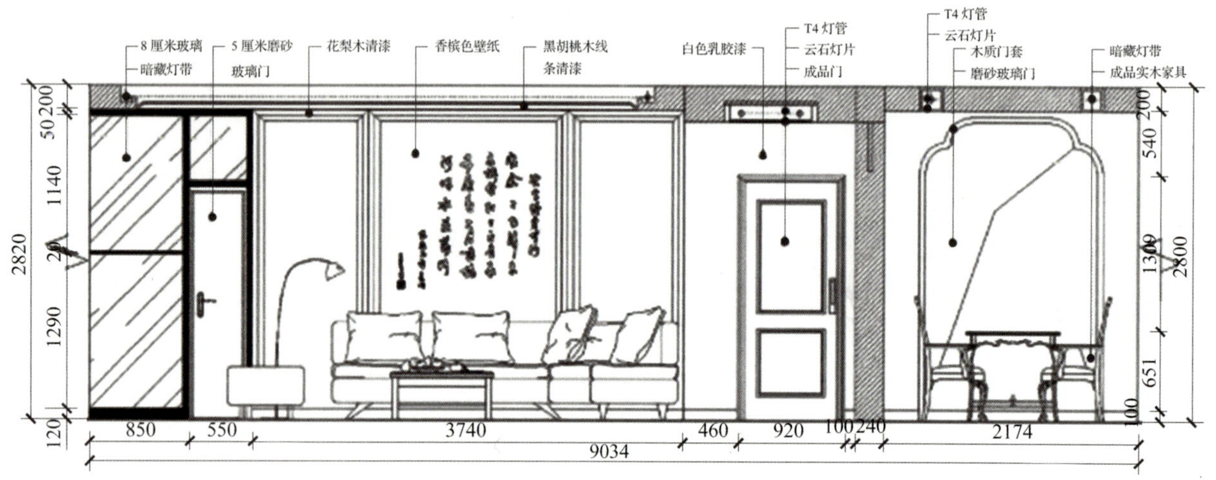

图 1-22　某室内设计立面图

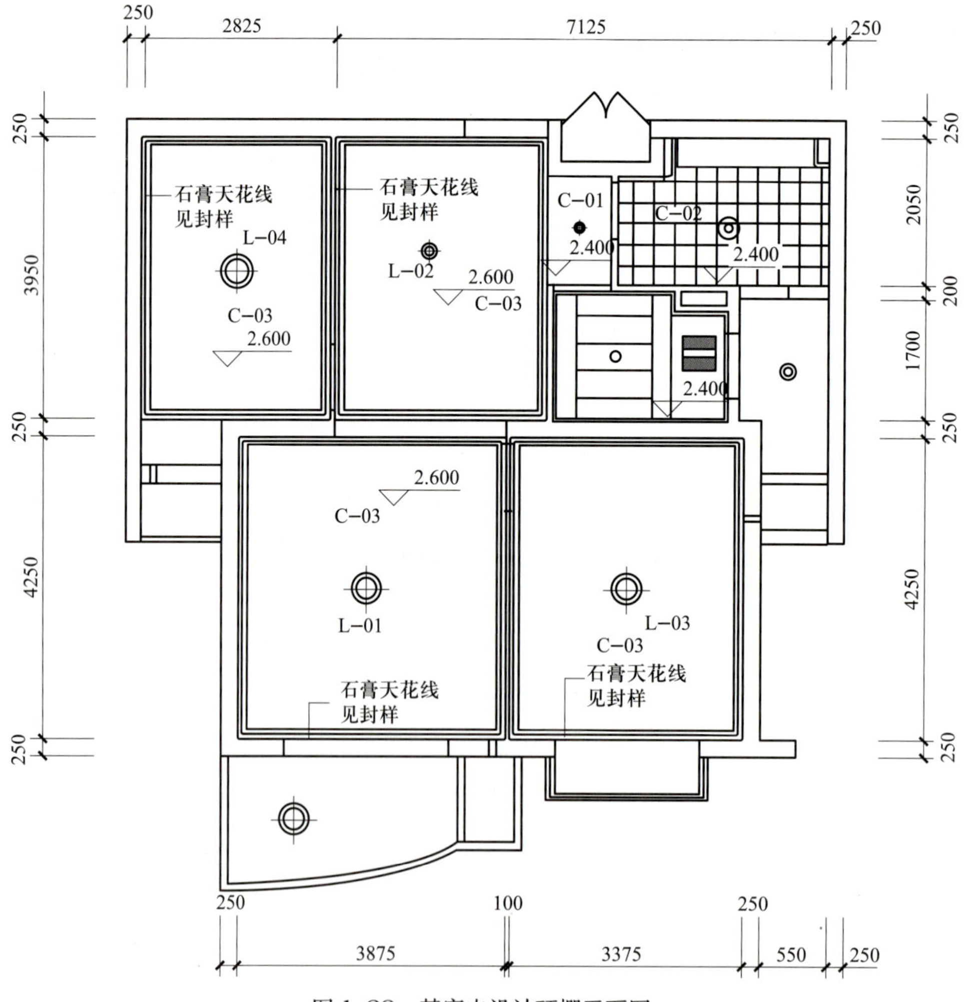

图 1-23　某室内设计顶棚平面图

图 1-24　某室内设计透视图

（5）室内装饰材料实样，包括墙纸、地毯、窗帘、室内纺织面料、墙地面砖及石材、木材等，以及家具、灯具、设备等实物照片。

（6）设计说明和造价概算（见图 1-25）。

三、施工图设计阶段

施工图设计阶段主要包括修改完善设计方案、与各相关专业协调、完成装饰设计施工图三部分工作。

室内设计是多专业、多技术、多门类艺术和多工种的总体设计工程。当整体功能的空间布局、分区及整体装饰造型完成后，还要与空调、水电、消防、音响、给排水等工程的技术要求相协调。施工图是工程人员施工时的依据，在施工图完成后各专业须相互校对，经审查无误后才能作为正式施工的依据。

装　修　工　程　预　算　表

编号	工程项目	单位	数量	单价	金额
Ⅰ一	大厅				
Ⅰ-1.2	大门入口硅板造型天花	平方	23.75	90	2137.5
Ⅰ-1.12	大堂接待台（不含石台面）	米	3.5	750	2625
Ⅰ-1.13	大堂 A1 立面公司形象壁（不含广告字）	平方	18	260	4680
Ⅰ-1.14	大堂及走廊立面墙身红樱桃夹白底砂玻璃装饰壁	平方	12.61	180	2269.8
Ⅰ-1.15	大堂及走廊墙身 40 不锈钢装饰线	米	17.3	16.5	285.45
Ⅰ-1.16	走廊 A5 立面综合办公室门两侧钉三角线门套	平方	1.83	280	512.4
Ⅰ-1.17	走廊 A6 立面公司形象壁背造型壁	平方	15.6	180	2808
Ⅰ-1.18	大堂中空周边贴铝塑板	平方	29.64	130	3853.2
Ⅰ-1.19	茶水间 600×600 铝扣板天花	平方	7.3	60	438
Ⅰ-1.20	茶水间红樱桃木饰面单掩门连门套及普通五金件，锁	套	1	800	800
Ⅰ-1.21	卫生间铝条扣板天花	平方	10.7	80	856
Ⅰ-1.22	卫生间玻璃塑钢门	套	2	330	660
Ⅰ-1.23	卫生间防水间板（1.8 米高）连配件	平方	12.24	230	2815.2
Ⅰ二	综合办公室				
Ⅰ-2.1	木骨架、硅板面天花	平方	45.18	90	4066.2
Ⅰ-2.2	600×600 铝扣板天花	平方	61.92	60	3715.2
Ⅰ-2.3	窗帘盒	米	12	30	360
Ⅰ-2.4	天花周边纸面石膏线	米	67.8	13	881.4
Ⅰ-2.5	大芯板底、铝塑板饰面门套	平方	16.65	160	2664
Ⅰ-2.6	12 厘厚钢化清玻璃门	平方	13.77	250	3442.5
Ⅰ-2.7	12 厘厚钢化清玻璃门 CMT 地绞	只	6	350	2100
Ⅰ-2.8	12 厘厚钢化清玻璃门上下夹	套	6	70	420
Ⅰ-2.9	12 厘厚钢化清玻璃门锁	把	6	70	420
Ⅰ-2.10	12 厘厚钢化清玻璃门拉手	套	6	280	1680
Ⅰ-2.11	10 厘清玻璃间墙	平方	20.16	100	2016
Ⅰ-2.12	玻璃间墙红樱桃木饰面窗套（双面展开计）	米	72	35	2520
Ⅰ-2.13	清玻璃间墙下铝塑板饰面脚	平方	7.68	130	998.4
Ⅰ-2.14	红樱桃木饰面文件矮柜	米	20.4	360	7344
Ⅰ-2.15	墙身 40×12 分水木线	米	41.3	16	660.8
Ⅱ一	中庭、茶水间、卫生间				
Ⅱ-1.1	中庭铁骨架、硅板造型天花	平方	113.7	90	10233
Ⅱ-1.2	中庭天花周边纸面石膏线	米	52.3	13	679.9
Ⅱ-1.3	茶水间 600×600 铝扣板天花	平方	7.3	60	438
Ⅱ-1.4	茶水间红樱桃木饰面掩门连门套及普通五金件，锁	套	1	800	800
Ⅱ-1.5	卫生间铝条扣板天花	平方	10.7	80	856

图 1-25　某影视厅装饰工程概算表

四、施工监理阶段

室内设计与工程施工是两个不同的阶段。室内设计是“纸上谈兵”，是创造的思维表现。工程施工是创造的物质表现。

室内工程在施工前，室内设计师应向施工单位和施工监理进行设计意图说明及图样的技术交底，工程施工期间需按图样要求核对施工实况。设计师要经常与施工监理沟通，有时还需根据现场实况进行图样的局部修改或补充，以便与业主达成共识，共同努力达到设计的预期效果。

思考与练习

1. 简述室内设计的定义。
2. 室内设计的要求有哪些？
3. 室内设计的内容有哪些？
4. 室内设计的依据是什么？
5. 室内设计的程序有哪些？

技能训练一　信息化手段收集资料

训练目的

1. 运用电子工具，在平时生活中收集资料，了解目前装饰行业常用的风格和材料。

2. 锻炼敏锐的观察能力，形成环保理念。

训练内容

1. 建立班级公共 QQ 群或微信群。

2. 用手机记录生活中的各类装饰信息，并进行系统梳理。

训练要求

围绕课堂内容，在生活中要细心观察，勤于思考和探究。

训练成果

将所记录的装饰信息进行梳理，撰写调研报告，系统阐述对室内装饰行业的再认识，并将成果发送到教师的邮箱。

第二章

室内设计风格与流派

学习目标

◆了解风格和流派的概念。

◆掌握典型的室内设计风格与流派的主要特征。

本章思维导图

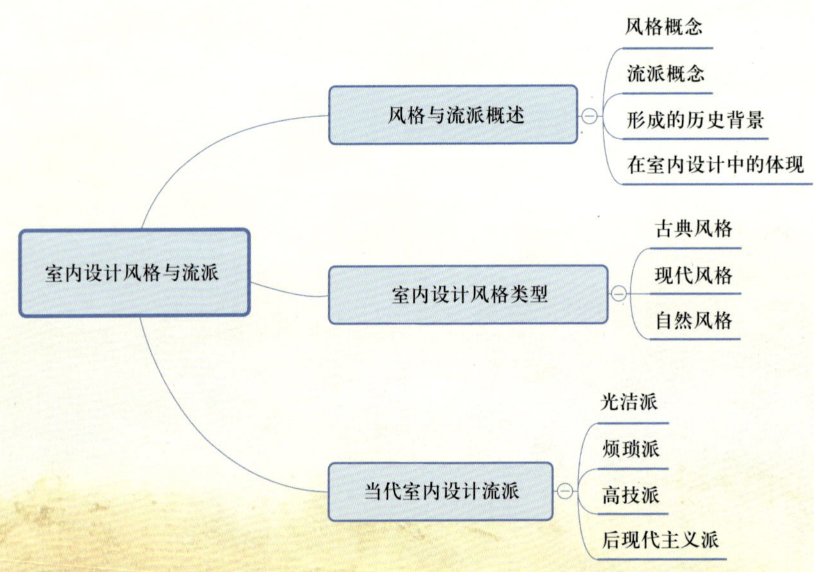

室内设计风格与流派
风格与流派概述
风格概念
流派概念
形成的历史背景
在室内设计中的体现
室内设计风格类型
古典风格
现代风格
自然风格
当代室内设计流派
光洁派
烦琐派
高技派
后现代主义派

室内设计与民族特性、社会制度、生活方式、文化思潮、宗教信仰、风俗习惯、自然条件等多种因素有关，人们从多方位来探索室内设计的方法和理论及对新材料的应用，因而产生了五花八门的风格与流派。

第一节 SECTION 1 风格与流派概述

一、风格的概念

风格即风度品格，体现创作中的艺术特色和个性。风格要通过特定的艺术语言来表现。在室内设计中，风格要通过室内设计的语言来表现。在这里，需要强调两点：一是风格要靠有形的“式样”来体现；二是风格又是抽象的、无形的，欣赏者往往根据“式样”传递的信息来对风格加以认识和理解。

二、流派的概念

流派是指学术、文艺方面的派别。艺术流派可以理解为在艺术发展长河中形成的派别，即在一定的历史条件下由某些社会思想、艺术造诣、风格、创作方法相近或相似的艺术家形成的集合体。与流派有关的另一个概念是“思潮”，它可以理解为具有广泛社会倾向性的潮流或运动。艺术流派可以带动艺术潮流。艺术流派的传播方式有三种，即人与人之间的感染传播、媒体传播和由于崇拜偶像而出现的效仿传播。

风格与流派是两个不同但又相互联系的概念，风格接近“式样”，流派更接近社会“思潮”。

三、风格与流派形成的历史背景

室内设计风格是指不同的时代思潮和地区特点通过创作构思和表现，逐渐发展而成的具有代表性的室内设计形式。一种典型风格的形成通常与当地的人文因素和自然条件密切相关，同时又具有创作中的构思和造型的特点。

风格虽然表现于形式，但风格具有艺术、文化、社会发展等深刻的内涵。从这一深层含义来说，风格又不停留或等同于形式。

需要着重指出的是，一种风格或流派一旦形成，又能积极或消极地影响文化、艺术及其他诸多的社会因素。所以说，风格或流派并不局限于只作为一种形式表现和视觉上的感受。

四、风格与流派在室内设计中的体现

1. 案例一：欧式古典风格——远洋 LAVIE 独栋别墅

欧式古典风格强调以华丽的装饰、浓烈的色彩、精美的造型达到雍容华贵的装饰效果（见图 2-1 至图 2-6）。作为欧洲文艺复兴时期的产物，古典主义设计风格继承了巴洛克风格中豪华、动感、多变的视觉效果，也吸取了洛可可风格中唯美、律动的细节处理元素，受到了社会上层人士的青睐。远洋 LAVIE 独栋别墅是典型的欧式古典风格，在设计时强调空间的独立性，配线的选择要比新古典主义复杂得多。欧式古典风格在材料选择、施工、配饰方面的投入比较高，多为同一档次其他风格的数倍。所以，欧式古典风格更适合在较大的别墅、宅院中运用，而不适合较小的户型。

图 2-1 欧式古典风格别墅（外观）

❶ 图 2-2　欧式古典风格室内空间（门厅）

❷ 图 2-3　欧式古典风格室内空间（客厅）

❸ 图 2-4　欧式古典风格室内空间（楼梯）

❹ 图 2-5　欧式古典风格室内空间（卧室）

❺ 图 2-6　欧式古典风格室内空间（卫生间）

2. 案例二：现代风格——腾讯科技上海办公楼室内设计

现代风格体现了一定的文化品位。简约风格不但注重室内空间的实用性，而且体现工业化社会生活的精致与个性（见图 2-7 至图 2-9）。腾讯科技上海办公楼属于独立建筑，从外立面形象标识到内部各层室内，设计从整体考虑，遵循风格的协调一致性，表现为明显的科技型企业的现代设计风格。其办公楼层里独特的休闲区使用的绿色和黄色在整个办公区域尤为突出，能很好地划分区域的功能性。

❶ 图 2-7　现代风格（一）
❷ 图 2-8　现代风格（二）
❸ 图 2-9　现代风格（三）

图 2-10 自然风格外景（一）

3. 案例三：自然风格——Wildcat Ridge住宅设计

Wildcat Ridge 住宅四周墙面都采用透明玻璃材质，强调与空间环境的交流、渗透，讲究对景、借景，以及与大自然或周围空间的融合，能够扩大视野（见图 2-10 至图 2-13）。

图 2-11 自然风格外景（二）

图 2-12 自然风格室内空间（一）

图 2-13 自然风格室内空间（二）

图 2-14 后现代主义派室内空间（一）

图 2-15 后现代主义派室内空间（二）

4. 案例四：后现代主义派——瑞典设计师 Guise 设计的时装店

后现代主义派是由对现代主义纯理性的逆反而出现的一种设计风格，它反对现代主义“少就是多”的观点，强调建筑的复杂性和矛盾性，使得室内设计繁多复杂。瑞典设计师 Guise 设计的时装店强调室内设计应具有历史的延续性，崇尚隐喻与象征手法，提倡多样化与多元化（见图 2-14 至图 2-16）。后现代主义派多运用夸张、变形、断裂、折叠、二元并列等装饰主义的设计手法，在表现效果上寻求刺激性，使人产生舞台美术的视觉感受，达到了雅俗共赏的目的。

图 2-16 后现代主义派室内空间（三）

第二节 SECTION 2 室内设计风格类型

在室内设计的发展史上，出现并流行过多种多样的风格。能系统地理解和应用各种室内设计风格，对于设计师来说非常重要。目前流行的主要室内设计风格有古典风格、现代风格和自然风格，这些都是在历史上和当代室内设计中有着广泛影响的风格类型。

一、古典风格

古典风格又称传统风格。古典风格常给人以历史延续和地域文脉的感受，它突出了民族文化渊源的形象特征。古典风格主要分为中式古典风格、欧式古典风格和新古典风格。

1. 中式古典风格

中式古典风格是以宫廷建筑为代表的中国古典建筑的室内设计艺术风格。其特点是气势恢宏、壮丽华贵、高空间、大进深、雕梁画栋、金碧辉煌，造型讲究对称，色彩讲究对比，装饰材料以木材为主，图案多为龙、凤、龟、狮等，精雕细琢、瑰丽奇巧，如图 2-17 和图 2-18 所示。中式古典风格色彩浓重、格调高雅、造型简朴。

中式古典风格的构成主要体现在传统家具（多以明清家具为主）、装饰品及黑、红为主的装饰色彩上。室内多采用对称式的布局方式，格调高雅，造型简朴优美，色彩浓重而成熟，如图 2-19 所示。中国传统室内陈设包括字画、匾幅、挂屏、盆景、瓷器、古玩、屏风、博古架等，追求一种修身养性的生活境界。

❶ 图 2-17　中式古典风格建筑（唐代佛光寺大殿）

❷ 图 2-18　中式古典风格室内空间

图 2-19 中式古典风格的家具陈设

2. 欧式古典风格

欧式古典风格包括古罗马风格（见图 2-20 和图 2-21）、古希腊风格、哥特式风格（见图 2-22）、文艺复兴风格、巴洛克风格（见图 2-23）、洛可可风格（见图 2-24）等。欧式古典风格的形成有时间的跨度，也有地域的特点。欧式古典风格有的不只是豪华大气，更多的是惬意和浪漫，通过完美的曲线和精益求精的细节处理带给人舒适感。实际上，和谐是欧式古典风格的最高境界。同时，欧式古典风格适用于大面积空间。若空间太小，不仅无法展现其风格的气势，还会给人带来压迫感。欧式古典风格强调以华丽的装饰、浓烈的色彩、精美的造型达到雍容华贵的装饰效果。

3. 新古典风格

新古典风格是传统风格文化意义在当前时代背景下的演绎。新古典风格不是纯粹的元素堆砌，而是通过对传统文化的认识，将现代元素和传统元素结合在一起，以现代人的审美需求来打造富有传统韵味的事物，让传统艺术的脉络传承下去。

图 2-20 古罗马斗兽场

图 2-21　古罗马风格的大厅

图 2-22　科隆大教堂（哥特式风格）

❶ 图 2-23　巴洛克风格室内效果
❷ 图 2-24　洛可可风格的大厅

新古典主义的设计风格其实是经过改良的古典主义风格。新古典风格一方面保留了中式、欧式古典材质和色彩的大致风格，有着浓重的历史痕迹与浑厚的文化底蕴；另一方面又摒弃了过于复杂的肌理和装饰，简化了线条。图 2-25 和图 2-26 所示为中式新古典风格，图 2-27 和图 2-28 所示为欧式新古典风格。

❶ 图 2-25　中式新古典风格建筑
❷ 图 2-26　中式新古典风格室内空间
❸ 图 2-27　欧式新古典风格建筑——芬兰赫尔辛基大教堂

图 2-28 欧式新古典风格室内空间

二、现代风格

现代风格即现代主义风格，现代风格追求时尚与潮流，注重居室空间的布局和使用功能的完美结合。现代主义也称功能主义，是工业社会的产物。

现代风格起源于 1919 年成立的包豪斯学派，包豪斯的设计思想强调突破旧传统，创造新建筑，重视功能和空间组织；注意发挥结构构成本身的形式美，造型简洁，反对多余装饰；尊重材料的性能，讲究材料自身的质地和色彩配置效果；重视实际的工艺制作，强调设计与工业生产的联系。包豪斯在推动现代建筑及装饰的发展方面起了巨大的作用。室内设计尽管流派纷呈、风格各异，但现代风格的特点仍被许多设计师所喜爱和推崇。

现代装饰艺术将现代抽象艺术的创作思想引入室内设计中。现代风格极力反对从古罗马到洛可可等一系列旧的传统样式，力求创造出适应工业时代精神、独具新意的设计简朴、通俗、清新的简化装饰，以接近人们生活。现代风格的装饰特点是由曲线和非对称线条构成，如花梗、花蕾、藤蔓、昆虫翅膀等自然界各种优美的形态图案，体现在墙面、栏杆、窗棂、家具等的装饰上；线条有的柔美雅致，有的遒劲而富有节奏感，整个立体形式都与有条不紊的、有节奏的曲线融为一体；大量使用铁制构件，将玻璃、瓷砖等新工艺及铁艺制品、陶艺制品等综合运用于室内；注意室内外联系，竭力给室内装饰艺术引入新意，如图 2-29 至图 2-31 所示。

现代风格的出现是建筑史上的一次飞跃，对建筑设计和室内设计产生了极大的影响。现在，广义的现代风格也可泛指造型简洁新颖、具有当今时代感的建筑形象和室内环境。

❶ 图 2-29　现代风格建筑
❷ 图 2-30　现代风格室内空间（一）
❸ 图 2-31　现代风格室内空间（二）

三、自然风格

自然风格倡导回归自然，室内设计多用木料、织物、石材等天然材料，显示材料的纹理，色彩清新淡雅。此外，可把田园风格归为自然风格。田园风格在室内环境中力求表现休闲、舒畅、自然的田园生活情趣，也常运用天然木、石、藤、竹等材质质朴的纹理，巧妙设置室内绿化，创造自然、简朴、高雅的氛围；同时把一些精细的后期配饰融入设计风格中，充分体现安逸、舒适的生活氛围。自然风格包括地中海风格、美式风格、日式风格、东南亚风格等。

1. 地中海风格

地中海风格原特指沿欧洲地中海北岸一线的西班牙、葡萄牙、法国、意大利、希腊等国家南部沿海地区的住宅及其装饰风格，如图 2-32 所示。后来殖民者把这种建筑风格带到美洲，而加利福尼亚由于气候类似地中海沿岸，天气更为晴朗，所以地中海风格在加利福尼亚得以发展。之后，这种风格又传到佛罗里达、夏威夷等地区。

图 2-32 地中海风格建筑

“蔚蓝色的浪漫情怀，海天一色、艳阳高照的纯美自然”是地中海风格的灵魂。地中海风格的建筑特色是拱门与半拱门、马蹄状的门窗，如图 2-33 所示。建筑中的圆形拱门及回廊通常采用数个连接或垂直交接的方式，便于在走动中观赏，给人延伸般的透视感；墙面处（非承重墙）均可运用半穿凿或者全穿凿的方式来形成室内的景中窗。地中海风格的色彩很丰富，并且由于光照充足，所有颜色的饱和度很高，体现出色彩最绚烂的一面，如图 2-34 所示。

图 2-33　地中海风格室内空间

图 2-34　地中海风格的色彩

2. 美式风格

美式风格又称美式乡村风格，美式风格非常重视生活的自然舒适性，充分显现乡村的朴实。布艺是美式风格中非常重要的元素，本色棉麻是主流，布艺的天然质感与乡村风格能很好地协调。此外，美式风格中还有各种繁杂的花卉植物、靓丽的异域风情和鲜活的鸟虫鱼图案，给人舒适而惬意的感觉，如图 2-35 和图 2-36 所示。美式风格摒弃了烦琐和奢华，并将不同风格中的优秀元素汇集融合，以舒适机能为导向，强调回归自然。美式风格突出生活的舒适和自由，无论是感觉笨重的家具，还是带有岁月沧桑感的配饰，都在告诉人们这一点。特别是在墙面色彩的选择上，自然、怀旧、散发着浓郁泥土芬芳的色彩是美式风格的典型特征。

❶ 图 2-35　美式风格建筑
❷ 图 2-36　美式风格室内空间
❸ 图 2-37　日式风格建筑（一）

3. 日式风格

日式风格是指日本和式建筑及其室内装饰所表现的风格，又称“和风”。日式风格采用木质结构，不尚装饰，简约简洁。其空间意识极强，形成“小、精、巧”的模式，利用檐、龛空间创造特定的幽柔润泽的光影。日式风格的建筑特色是明晰的线条，纯净的壁画，卷轴字画，室内宫灯悬挂，伞状造景，格调简朴高雅。日式风格的另一个特点是屋、院通透，人与自然统一，注重利用回廊、挑檐，使得回廊空间敞亮、自由。图 2-37 和图 2-38 所示为日式风格建筑，图 2-39 所示为日式风格室内空间。

图 2-38 日式风格建筑（二）

图 2-39 日式风格室内空间

4. 东南亚风格

东南亚风格和印度、泰国、印度尼西亚等东南亚国家有关，它以东方文化中的神秘感混搭着多种元素。当清凉的藤椅、泰丝的抱枕、精致的木雕、造型逼真的佛手、妩媚的纱幔等和谐地兼容于一室时，可以让人感受到东南亚清雅、悠闲的气氛。东南亚风格在色彩方面没有严格的限制，家具饰品以浓郁鲜艳的色彩和异国风情而闻名；在材质方面，东南亚风格非常崇尚自然，大量运用麻、藤、竹、草、原木等天然材料，从而营造出一种充满乡土气息的生活空间。由于东南亚国家多有殖民历史，所以其传统的家具样式受到欧式家具的影响，产品很有特色，除了柚木外，藤、海草、椰子壳、贝壳、树皮、砂岩石等都可制作成家具、灯具和饰品，散发着浓烈的自然气息，如图 2-40 和图 2-41 所示。

图 2-40　东南亚风格室内空间（一）

图 2-41　东南亚风格室内空间（二）

第三节 SECTION 3 当代室内设计流派

进入 20 世纪后，室内设计流派纷呈，这是设计思想空前活跃的表现，也是室内设计发展进步中的必经过程。室内设计的流派在很大程度上与建筑设计的流派相呼应，但也有一些流派是室内设计所独有的。了解和研究这些流派的目的不是为了简单模仿或照抄，而是要探究不同流派产生的背景和原因，分析其优劣势，从而逐步形成有自我个性的设计理念。当代室内设计有许多流派，这里介绍其中比较有影响力的几种。

一、光洁派

光洁派又称“极少主义派”，盛行于 20 世纪六七十年代。光洁派善于抽象形体的构成，常用雕塑感强的几何构成来塑造室内的空间，室内空间具有明晰的轮廓，在简洁明快的空间里运用现代材料和现代加工技术，功能上实用舒适，加工上讲究精细，没有多余的装饰，符合现代主义建筑大师斯密提出的“少就是多”的原则，如图 2-42 和图 2-43 所示。

光洁派的室内设计特征有以下几点：

1. 为追求空间和光线，窗口、门洞开启较大，与室外环境通透、连贯。窗户的装饰常采用卷轴式、垂直式遮帘和软百叶帘，便于采光和通风。

2. 室内空间流通，隔而不断。装饰较多使用玻璃、金属、塑料等硬质光亮材料，具有活泼、宽敞的感觉。

3. 简化室内梁、板、柱、门、柜等所有构成元素，顶棚、地板、墙面多光洁平整，

图 2-42 罗马千禧教堂（光洁派）

重点装饰部位刻意追求材质明显效果，没有多余的家具，选用色彩明亮、造型独特的工业化产品，个别家具的安放也担任着室内雕塑的作用。

图 2-43 光洁派室内空间

光洁派的室内设计给人以清新、整洁的印象，由于结构上没有烦琐的细部装饰，所以便于加工制作，也便于后期的清洁和维护。但是，光洁派的设计作品过于理性，缺少人情味，以致后来受到人们的冷落。

二、烦琐派

烦琐派又称新洛可可派。洛可可派是 16 世纪风行于法国和欧洲其他国家的一种建筑装饰风格，它是贵族生活日益没落、专制制度走向晚期的反映。洛可可派建筑的主要特点是崇尚装饰，烦琐堆砌，纤细娇俏，体现了上层社会腐朽的生活观，具有浓重的脂粉气息。

烦琐派继承了洛可可派的基本特点，但不同的是烦琐派不过多使用附加的东西，而是通过新型装饰材料和现代加工技术获得华丽而略显浪漫的效果，讲究丰富和夸张的手法，如图 2-44 所示。

图 2-44 烦琐派室内空间

烦琐派的室内设计特征有以下几点：

1. 主张利用现代科学技术，大量使用表面光滑、反光性能好的装饰材料，如不锈钢、铝合金、玻璃镜面、大理石、花岗岩等。

2. 重视光影效果，喜欢采用灯槽和反射板。

3. 选用新颖的家具和艳丽的地毯，追求高贵华丽、光彩夺目的动感气氛，如图 2-45 所示。

图 2-45 烦琐派室内装饰

三、高技派

高技派也称重技派。高技派形成于20世纪50年代，当时美国等发达国家要建造超高层的大楼，混凝土结构已无法满足其要求，于是开始使用钢结构，为减轻荷载，又大量采用玻璃。这样，一种新的建筑形式逐渐形成并开始流行。到20世纪70年代，高技派把航天材料和技术应用到建筑中，将金属结构、铝材、玻璃等结合起来构成一种新的建筑结构元素和视觉元素，突出当代工业技术成就，崇尚机械美。

高技派的室内设计特征可归纳为以下几点：

1. 将本应隐匿起来的内部服务构造及某些设备外翻（如暴露梁板、网架等结构构件及风管、线缆等设备和管道），并涂上红、绿、黄、蓝等鲜艳的色彩，丰富空间效果，增强室内装饰工艺技术与时代感。

2. 强调透明和半透明的空间效果。采用透明的玻璃、半透明的金属网和格子等来分隔空间，形成层层叠叠的空间效果。为了表现机械运行的状况和传送装置的程序，将电梯、自动扶梯等传送装置都做透明处理。

3. 不断探索各种新型高质材料和空间结构，提倡采用高强钢、硬铝、塑料和各种化学制品等最新的材料来制造体量轻、用料少、能够快速灵活装配的建筑，着意表现建筑框架、构件的轻巧。

4. 强调系统设计和参数设计，主张采用预制装配化标准构件。破除传统的半手工、半机械的加工特点，工厂化批量生产标准单元化构件。

如图2-46至图2-48所示，都是高技派的典型代表。

图2-46 法国巴黎蓬皮杜国家艺术与文化中心

❶ 图 2-47　香港中国银行大厦
❷ 图 2-48　高技派室内空间

四、后现代主义派

后现代主义派也称“装饰主义派”或“隐喻主义派”。现代设计产生于 20 世纪 20 年代，并在欧美等地流行发展，一直繁荣到 20 世纪 70 年代。在现代主义的影响下，从建筑设计上发展起来的“国际主义风格”在 20 世纪 50 年代晚期达到鼎盛时期，垄断了整个建筑界。但是，现代主义风格的冷漠、单调、缺乏个性的设计理念也使许多青年建筑家与设计师感到厌倦，他们急于寻找和发现一种全新的表达方式。从 20 世纪 60 年代的波普设计开始，各国设计师开始各种各样的反现代主义设计的尝试，后现代主义设计由此拉开了帷幕。

后现代主义派强调建筑的复杂性与矛盾性，反对简单化、模式化，讲求文脉，崇尚隐喻与象征手法，提倡多元化和多样化。目前后现代主义设计主要表现在提取古典的符号和形式糅进现代的造型、新设备、新材料、新工艺之中。

后现代主义派的室内设计特征可归纳为以下几点：

1. 室内设计的特点趋向繁多复杂，强调象征隐喻的形体特征和空间关系。

2. 在设计构图时往往采用夸张、变形、断裂、折射、错位、扭曲、矛盾共处等手法，构图变化的自由度大，大胆运用图案和色彩装饰。

3. 室内设置的家具、陈设艺术品往往突出其象征隐喻意义。

4. 设计时将传统的室内符号或形式通过新手法、新符号或新形式加以组合、混合或叠加。

图 2-49 所示为后现代主义派的建筑，图 2-50 所示为后现代主义派的室内空间。

图 2-49　后现代主义派建筑

图 2-50　后现代主义派室内空间

后现代主义派室内设计的基本思路如下：首先，根据室内装饰功能、造型、结构、材料、色彩、户型、面积、时间等因素选择合适的风格与流派；其次，通过与客户沟通，掌握客户的兴趣、个性、职业、生活习惯和审美情趣，对客户进行深度分析后，考虑如何在设计中进行针对性表达；最后，从配饰、家具、地板、墙体色彩、灯光等设计要素一点点延伸，从点到面，从局部到整体，最终形成初步的室内设计方案。

思考与练习

1. 室内设计中不同的风格与流派各有哪些主要特征？
2. 本地区目前有哪几种典型的室内设计风格？
3. 当代室内设计有哪几种主要的流派？
4. 怎样通过不同的特征进行室内装饰风格体现？

技能训练二　室内设计风格与流派的判断

训练目的

学会根据不同室内装饰风格与流派的特征判断室内设计所属风格与流派。

训练场所与组织

在室内设计展示室、多媒体教室或楼盘样板房对室内装饰空间现场或照片进行装饰设计特点介绍，判断所属风格与流派，并说明理由。

训练设备与材料

多媒体设备、室内装饰展示空间、室内设计效果图。

训练内容与方法

教师示范→学生示范→教师讲评→分组进行讲、听、评与考核→训练总结。

工作任务

分析典型的室内设计风格与流派，目标是能正确判断室内设计案例的风格与流派，能采用相应的特征元素表达客户需要的室内装饰风格。

第三章

室内设计要素

学习目标

◆掌握室内空间与界面设计的内涵。

◆熟悉室内装饰常用材料。

◆掌握室内色彩环境设计的原则和方法。

◆熟悉室内采光与照明的设计方法和种类。

◆熟悉室内家具陈设与绿化。

本章思维导图

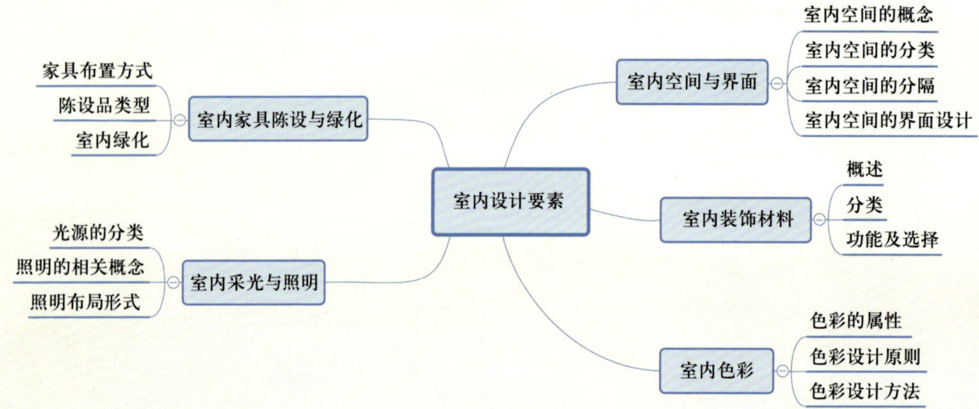

室内设计要素
室内空间与界面
室内空间的概念
室内空间的分类
室内空间的分隔
室内空间的界面设计
室内装饰材料
概述
分类
功能及选择
室内色彩
色彩的属性
色彩设计原则
色彩设计方法
室内家具陈设与绿化
家具布置方式
陈设品类型
室内绿化
室内采光与照明
光源的分类
照明的相关概念
照明布局形式

室内设计要素主要包括界面、材料、色彩、照明、家具陈设与绿化等内容，这些要素的特点、技术要求、质量评估等既有内在联系又有很大的差异。掌握和运用好这些设计要素，对于从事室内设计的人员意义重大。

第一节 SECTION 1 室内空间与界面

一、室内空间的概念

室内空间是指人们居住生活、工作学习、社会公共活动及满足一定生产服务的场所，是人们所处的主要环境。室内空间具有明确的使用功能。室内空间是人们从事某类活动的重要场所，满足人们这类活动的要求就是室内空间的使用功能，如餐厅、教室、博物馆等场所。

室内空间的使用要求一般在建筑设计阶段已经组织有序并合理划分。在室内设计阶段，要准确把握室内空间的使用功能要求。

室内空间具有形式的多样性和组织设计的灵活性。在满足其基本功能要求的前提下，室内空间的形式和层次感是丰富多样的，设计组织手法灵活多变。随着时代的发展和科技的进步，室内环境在材料、技术等多方面发生了很多改变，但对美的追求始终没有改变。

二、室内空间的分类

1. 结构空间

结构空间是指由外露建筑结构构件与室内界面围合而成的空间。进行室内设计时，应该充分利用合理的建筑结构本身所具有的视觉效果或潜在的有利条件进行空间营造，使得建筑结构自身具备的技术美感、力度美感、时代美感得以展现（见图 3-1）。

图 3-1 结构空间

2. 开敞空间与封闭空间

开敞空间是一种限定度和私密性较小，强调与周围环境交流、渗透，讲究对景、借景，与大自然或周围空间融合的视觉感官综合空间（见图 3-2）。其空间的开敞程度和感官效果往往取决于有无侧界面、侧界面的围合程度、门窗等开洞的大小及启闭的控制能力。

封闭空间则是指用限定性比较强、视觉光感穿透性差的围护实体（如承重墙、轻体隔墙等）包围起来的隔离性的空间。封闭空间具有领域感、安全感和私密性，其特点是内向的、拒绝性的，如卧室、厕所、独立办公室等（见图 3-3）。

图 3-2 开敞空间

图 3-3 封闭空间

图 3-4 动态空间

图 3-5 静态空间

图 3-6 流动空间

3. 动态空间与静态空间

室内动态空间是指引导人们从运动中观察、体验周围事物，具有流动性、时空转换性、时间连续性等特点的空间环境（见图 3-4）。其特点是：可以利用多种手段和技术组织空间的转换和延伸，具有明确的方向性、流动性；空间组织灵活，空间变化和转换较为丰富；空间布置多样、多变，背景环境丰富。

静态空间是指引导人们由动到静，没有空间和时间的变化，活动相对比较稳定的空间（见图 3-5）。其特点是：空间的限定度比较强，相对较封闭；多为尽端空间，私密性较强；多为对称空间（四面对称或左右对称），除了向心、离心以外，较少有其他的倾向，以达到一种静态的平衡；空间家具陈设的比例、尺度协调；色调淡雅和谐，光线柔和，装饰简洁；视线转换平和，避免强制性引导视线的因素。

4. 流动空间

流动空间的设计主旨是不把空间作为一种消极静止的存在，而是将其看成一种生动的力量。在流动空间设计中，要避免孤立静止的体量组合，而应追求连续的运动的空间（见图 3-6）。

图 3-7 悬浮空间

5. 悬浮空间

当室内空间在垂直方向的划分采用悬吊结构时，上层空间的底界面不是靠墙或柱子支撑，而是依靠悬吊结构实现，此时形成一种悬浮的灰色空间。悬浮空间具有通透完整、轻盈高爽的特点，并且下层空间的利用也更为自由、灵活（见图 3-7）。

图 3-8 虚拟空间

6. 虚拟空间

虚拟空间（见图 3-8）的范围没有十分完备的隔离形态，也缺乏较强的限定度，只靠部分形体的启示，依靠联想和“视觉完形性”来划定空间，所以又称“心理空间”。

7. 共享空间

共享空间的产生是为了适应各种频繁的社会交往和丰富多彩的现代生活的需要。它往往处于大型公共建筑内的公共活动中心和交通枢纽，含有多种多样的空间要素和设施，是综合性、多用途的灵活空间。共享空间在公共建筑室内应用比较广泛，如酒店大堂、餐厅、办公室等（见图 3-9 至图 3-11）。

图 3-9 共享空间

图 3-10 共享空间——公共办公空间

图 3-11 共享空间——公共休息空间

三、室内空间的分隔

建筑空间的分隔是实现建筑使用要求和塑造室内环境艺术的重要手段和方法，从建筑平面功能布局、交通流线组织、动静分区划分等方面都蕴含着对建筑空间的分隔和联系。装饰室内分隔是在建筑设计或者土建施工完成后的二次空间分隔，是室内环境塑造和营造的重要手段和方法。

1. 室内空间分隔的作用

（1）满足使用功能的要求

建筑室内的使用功能是多种多样的，这就需要对空间进行分隔划分以实现功能要求。建筑室内的一次分隔是在建筑设计阶段完成的，主要是建筑功能划分和交通流线组织；二次分隔是在室内装饰阶段进行的细化和改造。在室内装饰中对室内空间的分隔立足于实现对建筑使用功能的满足和提升改进。在这个层面上，室内分隔效果的评判主要集中体现在空间的大小、形状、水电设备、结构安全等领域。

（2）通过室内分隔达到美化环境、丰富空间效果的要求

室内环境的优美舒适是通过具体的物质载体和空间尺度来实现的，在这个层面上，室内分隔效果的评判主要集中体现在美学领域，如色彩、图案、形状等。

2. 室内空间分隔的类型

（1）从空间分隔的整体效果划分可分为完全分隔和局部分隔

图 3-12　局部分隔

图 3-13　垂直分隔

1）完全分隔。完全分隔是指利用比较完整的界面材质将室内空间划分成两个或多个较为独立、封闭的空间。这种分隔限定度高，分隔界限明确，封闭性强，与外界缺乏交流，如利用完整的隔墙划分多个空间。

2）局部分隔。同完全分隔不同，局部分隔采用屏风、翼墙、较高的家具或较为低矮的隔墙划分空间（见图 3-12）。局部分隔对于室内空间的限定既具有独立性又具有空间感官的连续性，分隔程度与分隔体的大小、形态、材质有关。局部分隔的特点是视线上受干扰小，但声音和空间均是流动的。

常用的局部分隔有以下四种形式：

①垂直分隔：用垂直方向的介质或材料将空间一分为二，两个空间相互隔离又有联系，增加了空间的层次感（见图 3-13）。

② L 形垂直面分隔：由两个相互垂直的面相交而形成的空间，以 L 形转角沿对角线向外划定一个空间的范围，构成一个特殊的半围合空间。L 形界面是静态的，可独立于空间中。因为它的前端是开敞的，所以是一种较灵活的空间限定元素。通过多个 L 形界面的不同组合，可限定出富有变化的多种空间形式。

③平行垂直面分隔：用一组相互平行的垂直面进行分隔，以限定它们之间的空间范围（见图 3-14）。相对而言，这种分隔的空间具有外向性，流通性好。当相互平行的两个面延长的时候，限定度加强；当相互平行面之间的距离增大时，空间的领域感减弱。

图 3-14 平行垂直面分隔

④ U 形垂直面分隔：用 U 形垂直面分隔，其限定的空间范围中有一个内向焦点，具有向心感和较强的封闭性能。U 形边际越长，空间感越强。在实际应用中，利用家具和低矮的隔断形成 U 形分隔，既能满足私密性的要求，又保持了较好的空间流动性。

（2）从空间的连续性和渗透效果划分可分为象征性分隔和弹性分隔

1）象征性分隔。用片段、低矮的饰面、家具、绿化、水体、悬垂物，或色彩、材质、光线、高差、音响、气味等元素，或建筑中的柱列、花格、构架、玻璃等通透隔断来分隔空间，这种或有或无的分隔称为象征性分隔。这种分隔方式对空间的限定程度较小，空间界面模糊，具有象征性分隔的心理作用。象征性分隔在空间分割上隔而不断，似隔非隔，层次感丰富，意境深远（见图 3-15）。

2）弹性分隔。弹性分隔利用活动隔断或珠帘、家具、陈设等分隔空间。这种分隔可随时改变或移动，室内空间也随之或分或合、或大或小。弹性分隔的特点是灵活性大，经济适用，随意性强（见图 3-16）。

图 3-15 象征性分隔

图 3-16 弹性分隔

室内空间分隔的方法多样、效果丰富，应根据具体的使用要求和空间艺术效果采用灵活的方法。

3. 室内空间分隔设计

（1）室内空间分隔设计的特点

1）根据建筑功能要求和空间整体效果的要求选择分隔方式。

2）根据分隔方式确定相应的工程做法。

3）根据工程做法选择装饰风格和效果。

（2）注意事项

1）安全与消防疏散要求。尤其在公共建筑（如 KTV、足浴中心等）的室内分隔中，一定要注意消防安全和人员疏散的要求。

2）环境风格的整体性与延续性要求。分隔后的空间在色彩、质感、图案等方面都要注意与室内空间的整体风格保持一致，其空间的艺术效果要具有延续性，一般不宜突变。

3）类型和手法变化要求。在进行同一室内空间分隔时，采用的分隔类型和方法不宜过多。

四、室内空间的界面设计

室内空间的界面是指围合组成室内空间的地面、墙面和顶棚。

1. 地面

室内地面是家具、设备、人们活动的载体，是人们活动的主要接触面和承受面。

（1）地面装饰的类型

根据材料的特点和施工方法的不同，地面装饰工程可分为以下几种：

1）整体铺设地面（水磨石、混凝土等）。

2）板块铺设地面（大理石、瓷地砖、预制地砖等）。

3）木、竹和卷材铺装地面（木质地板、强化复合地板、竹地板、强化弹性卷材等）。

4）涂料涂饰地面（包括各类聚氨酯地面涂料、环氧树脂地面涂料）。

近年来，随着技术的发展，新材料不断出现，各种新型高档装饰层出不穷，豪华塑料地面、钛金不锈钢覆面地砖地面、激光玻璃地面、软木复合弹性地板、强化木地板等品种都具有鲜明的个性和特点，这些新材料在施工方法、构造等方面与传统材料有很大的不同。

（2）地面装饰的设计要求

1）根据室内空间的实际使用要求、工程造价、综合艺术风格要求等，确定合理的地面类型，制定地面的色彩环境、综合物理环境方案。

2）制定地面的图案方案和分隔方式。图案在地面设计和装饰中具有重要的作用，是室内地面环境美的重要体现，也是丰富地面设计效果的主要手法。地面图案的设计还可以起到分隔限定、强调的作用。地面图案在运用时要注意图案本身的完整独立性、图案的连续性要求，如图 3-17 所示。

图 3-17　地面图案

地面分隔线也属于图案运用的内容，要求简洁、大气。地面分隔线一般对相应的结构构件和空间功能的转化进行整齐的划分，如图 3-18 所示。

3）控制整体风格、重视细节。地面的质感、色彩等要符合总体环境要求，地面图案的位置、大小等要与主题环境、吊顶灯饰等统一协调。地面分隔线的设计要充分考虑家具摆放位置和空间大小，并适当考虑家具、其他装饰品的移动和更替。

（3）地面装饰的设计方法

公共空间室内地面的设计往往要根据建筑室内的实际需要合理进行。空间比较大的室内地面和具有停留、共享要求的公共空间地面要注意地面效果的整体和均衡要求，如图 3-19 所示。以销售为主的商业空间应根据商品区的划分做好交通导向设计和平面的有效分割，如图 3-20 所示。由多个独立小空间构成的公共建筑空间，如餐厅、KTV、茶楼等的地面往往需要从材质、色彩等方面突出局部空间效果和艺术要求，这类建筑的地面往往结合墙面图案、吊顶一起设计，以突出效果，如图 3-21 所示。

图 3-18　地面分隔线

❶ 图 3-19　公共建筑地面
❷ 图 3-20　商业建筑室内地面
❸ 图 3-21　餐厅地面

居住空间室内的地面由于空间体量有限，设计时在突出中心区间的前提下，不宜划分过多，如图3-22和图3-23所示。室内地面的综合环境同样要根据需要突出中心、合理运用图案。

❶ 图3-22　住宅客厅地面（一）
❷ 图3-23　住宅客厅地面（二）

2. 墙面

墙面是围合室内空间的主要界面，墙面界面艺术效果及风格特征对于室内环境的整体影响比较大。墙面装饰的主要作用是保护墙体、美化空间。

（1）墙面装饰的类型

1）抹灰类墙面装饰。抹灰类墙面装饰是指在墙体结构层上直接抹砂浆、纸筋等材料取得一定装饰效果的装饰类型，如水泥墙面、水刷石墙面、纸筋灰墙面等（见图 3-24）。抹灰类墙面装饰档次低、效果较差，但取材简单、施工方便，主要用于低档次或临时建筑的室内墙面装饰和建筑外墙装饰。

2）贴面类墙面装饰。贴面类墙面装饰是指在墙体基层上贴一层装饰材料的做法，如瓷砖墙面、石材墙面、镜面金属饰面板、木材墙面等。贴面类墙面装饰是目前运用较广泛的墙面装饰之一，其装饰效果优良，建筑质感和空间质感表现力强，但施工要求较高，如图 3-25 所示。

3）涂料类墙面装饰。涂料类墙面装饰是指采用涂料粉刷形成的装饰效果，如大白浆、油漆、涂料等。涂料类墙面装饰广泛用于建筑外墙和室内墙面装饰，如图 3-26 所示。

❶ 图 3-24　抹灰类墙面装饰
❷ 图 3-25　贴面类墙面装饰

4）卷材类墙面装饰。卷材类墙面装饰是指在墙面基层直接粘铺卷材的装饰做法，如墙纸、墙布、丝绒、锦缎、皮革、人造革等。卷材类墙面装饰主要用于室内墙面装饰，如图 3-27 所示。

5）原质类墙面装饰。原质类墙面装饰又称自然墙面，可展现墙体自身的材料质感和肌理效果，如清砖墙面、毛石墙面、混凝土墙面等，如图 3-28 所示。

❶ 图 3-26　涂料类墙面装饰
❷ 图 3-27　卷材类墙面装饰
❸ 图 3-28　原质类墙面装饰

6）装饰画类墙面装饰。装饰画类墙面装饰是近几年来兴起的一种有较强艺术装饰效果的装饰，它直接在墙面面层上进行艺术绘画创作以达到优良的装饰效果，如图 3-29 所示。

图 3-29 装饰画类墙面装饰

（2）墙面装饰的设计方法和要求

1）根据建筑室内的实际使用环境、工程造价等要求，确定墙面的使用要求和综合艺术效果。

2）根据室内空间布局和家具布局要求，确定墙面的主次关系，并根据艺术效果制定重要节点或背景墙的方案。例如，主题墙（见图 3-30）、背景墙（见图 3-31）是室内设计经常用到的室内界面处理手法，这类墙面是室内环境主题的重要节点，是室内界面需要特别注重解决的环节之一。在进行电视墙、室内背景墙设计的时候，既要突出自身的风格特点，又要与所处室内环境的总体风格相协调。

图 3-30 主题墙

图 3-31 背景墙

3）根据室内家电设备等要求处理电气开关设备的位置。

3. 顶棚

（1）顶棚的类型

顶棚是指室内空间上部的结构层或装饰层。顶棚分为直接式顶棚和悬吊式顶棚两大类。

1）直接式顶棚。直接式顶棚是指直接在楼板底面进行抹灰或粉刷、粘贴等装饰而形成的顶棚，一般用于装饰要求不高的房间，如图 3-32 所示。

图 3-32　直接式顶棚

2）悬吊式顶棚（即吊顶）。为了对一些楼板底面极不平整或在楼板底面敷设管线的房间加以修饰美化，或满足较高的隔声要求，而在楼板下部空间所做的装饰，如图 3-33 所示。

图 3-33　悬吊式顶棚

吊顶的类型多种多样，按结构形式可分为以下几种：

①整体式吊顶。整体式吊顶是指顶棚面形成一个整体，没有分格的吊顶形式。其龙骨一般为木龙骨或槽型轻钢龙骨，面板用铝扣板、胶合板、石膏板等；也可在龙骨上先钉灰板条或钢丝网，然后用水泥砂浆抹平形成吊顶，如图 3-34 所示。

②活动式装配吊顶。活动式装配吊顶是将面板直接搁在龙骨上，通常与倒 T 形轻钢龙骨配合使用。这种吊顶龙骨外露，形成纵横分格的装饰效果，如图 3-35 所示。其施工安装方便，且便于维修，是目前广泛应用的一种吊顶形式。

③隐蔽式装配吊顶。隐蔽式装配吊顶是指龙骨不外露，饰面板表面平整，整体效果较好的一种吊顶形式。

④开敞式吊顶。开敞式吊顶通过特定形状的单元体组合而成，吊顶的饰面是敞口的，如木格栅吊顶、铝合金格栅吊顶，如图 3-36 所示。开敞式吊顶具有良好的装饰效果，多用于重要房间的局部装饰。

（2）顶棚的设计方法和要求

1）根据室内环境风格、空间净高、消防电气供暖等设备管线要求、造价要求等综合确定室内顶棚的类型。

2）根据室内使用功能的特点、家具和主题环境要求设计吊顶的样式和划分要求，注意照明和灯光设计及细节处理与调整。

❶ 图 3-34 整体式吊顶
❷ 图 3-35 活动式装配吊顶
❸ 图 3-36 开敞式吊顶

二、室内装饰材料的分类

室内装饰材料种类繁多，按材质分有塑料、金属、陶瓷、玻璃、木材、无机矿物、涂料、纺织品、石材等种类，按功能分有吸声、隔热、防水、防潮、防火、防霉、耐酸碱、耐污染等种类。

室内装饰材料一般以室内装饰部位划分，可分为内墙装饰材料、地面装饰材料和吊顶材料。

1. 内墙装饰材料

内墙常用的装饰材料可分为墙面涂料、壁纸、装饰板、墙布、石饰面板、墙面砖等。

（1）墙面涂料

1）低档水溶性涂料。常见的低档水溶性涂料是106涂料和803涂料。

2）乳胶漆。这类漆的特点是有丝光，看着像绸缎，一般要涂刷两遍。可根据个人喜爱、房间的采光、面积大小等因素来选用。

3）多彩喷涂。多彩喷涂是指涂料以水包油的形式分散于水中，一经喷涂可以形成多种颜色的花纹，花纹典雅大方、有立体感。且该涂料耐油性、耐碱性好，可水洗。

4）膏状内墙涂料（仿瓷涂料）。膏状内墙涂料的优点是表面细腻，光洁如瓷，且不脱粉，无毒、无味，透气性好，价格低廉，但耐温、耐擦洗性差。

（2）壁纸

室内装饰材料中壁纸的种类有纸面纸基壁纸、纺织物壁纸、天然材料壁纸、塑料壁纸等。壁纸最大的优点是色彩、图案和质感变化无穷，远比涂料丰富。选择壁纸时主要考虑其图案和色彩的组合，要做到与整体风格、色彩相统一，如图3-41和图3-42所示。

图3-41　卧室壁纸墙面

图3-42　客厅壁纸墙面

图 3-43　墙布墙

（3）装饰板

室内装饰材料中装饰板有各种护墙壁板、木墙裙或罩面板，所用材料有胶合板、塑料板、铝合金板、不锈钢板和镀塑板、镀锌板、搪瓷板等。板材使用的原料树种有水曲柳、榉木、楠木、柚木等。

（4）墙布

墙布是指以天然纤维或合成纤维织成的布为基料，表面涂以树脂，并印以图案或色彩而制成的装饰材料。墙布具有图案美观、色彩绚丽、富有弹性、手感舒适、吸声吸潮等优点，是一种广泛使用的室内装饰材料，如图 3-43 所示。墙布有棉纺墙布、无纺贴墙布、化纤墙布等。

（5）石饰面板

石饰面板可分为天然石饰面板（见图 3-44）和人造石饰面板（见图 3-45）。

❶ 图 3-44　天然石饰面板
❷ 图 3-45　人造石饰面板

（6）墙面砖

室内装饰时，经常用陶瓷制品来修饰墙面。陶瓷制品吸水率低，抗腐蚀、抗老化能力强。瓷砖品种花样繁多，常见的有陶瓷锦砖、玻璃马赛克、陶瓷釉面砖、陶瓷墙面砖等种类，如图 3-46 和图 3-47 所示。

图 3-46 玻璃马赛克墙面

图 3-47 陶瓷釉面砖、玻璃马赛克墙面

2. 地面装饰材料

地面装饰材料一般有实木地板、强化复合地板、实木复合地板、地砖、石材板材、塑料地板、地毯、木塑复合材料等。

（1）实木地板

实木地板是指木材经烘干、加工后形成的地面装饰材料，具有花纹自然、脚感好、施工简便、使用安全、装饰效果好等特点，如图 3-48 所示。

图 3-48 实木地板地面

(2)强化复合地板

图 3-49 强化复合地板

强化复合地板有耐磨、美观、环保、防潮、阻燃、防蛀、安装便捷、易清洁护理、经济实用等诸多优点，如图 3-49 所示。强化复合地板通常为四层结构：第一层为耐磨层（三氧化二铝），第二层为装饰层（木纹装饰纸经浸胶后形成装饰层），第三层为基材层（中/高密度纤维板），第四层为防潮平衡层。强化复合地板表面有沟槽面、皮纹面、水晶面、浮雕面等。

(3)实木复合地板

实木复合地板也称实木多层地板，是指在实木地板的基础上，经过科技加工处理，将木材分解再组合的新一代实木地板。它既具备实木地板的自然纹理、质感与弹性，又具有强化地板的抗变形、易清理等优点，同时能够很好地满足地热需求。实木复合地板按照结构分为三层实木复合地板和多层实木复合地板。

(4)地砖

地砖是室内装饰材料中主要的铺地材料之一，品种有通体砖、釉面砖、通体抛光砖、渗花砖、渗花抛光砖等。其特点是质地坚实、耐热、耐磨、耐酸、耐碱、不渗水、易清洗、吸水率小、色彩图案多、装饰效果好，如图 3-50 所示。

图 3-50 地砖地面

（5）石材板材

石材板材是指天然岩石经过荒料开采、锯切、磨光等加工过程制成的板状装饰面材。石材板材构造致密、强度大，具有较强的耐潮性和耐候性，如图 3-51 所示。

（6）塑料地板

塑料地板具有质轻、尺寸稳定、施工方便、经久耐用、脚感舒适、色泽艳丽美观、耐磨、耐油、耐腐蚀、隔声及隔热等优点，如图 3-52 所示。塑料地板按所用树脂可分为聚氯乙烯塑料地板、聚丙烯树脂塑料地板和氯化聚乙烯树脂塑料地板三大类。目前，绝大部分塑料地板属于第一类。它是唯一能再生利用的地面材料，对于保护地球自然资源和生态环境具有重大意义。

图 3-51　石材板材地面

图 3-52　塑料地板

（7）地毯

地毯也是室内地面铺设的常用材料之一。地毯多用毛、麻、化纤等织物交织或混纺而成。地毯柔软厚实，富有弹性，并有很好的隔声、隔热效果，缺点是不易清洗。

（8）木塑复合材料

木塑复合材料是国内外近几年蓬勃兴起的一类新型复合材料，指利用聚乙烯、聚丙烯和聚氯乙烯等代替通常的树脂胶粘剂，与超过 50% 以上的木粉、稻壳、秸秆等废植物纤维混合成新的木质材料，再经挤压、模压、注射成型等塑料加工工艺生产出的板材或型材。

生态木是木塑复合材料的一种，通常把采用 PVC 发泡工艺制作的木塑产品称为生态木。生态木既有天然木材的自然纹理，又有防火阻燃、防水防潮、防腐防霉、防虫防蛀、保温隔热、防变形、防龟裂、抗酸碱性强、耐候性强、抗老化性强等特点，且颜色鲜艳、造型多变，不仅可以设计出自然的美感，也可以设计出具有现代感的独特效果。生态木适用于室内、室外、天花吊顶，其安装快捷，省工省料，实用性强，如图 3-53 所示。

3. 吊顶材料

吊顶主要由面板和龙骨构成。

（1）面板

面板通常包括普通石膏板、硅钙板、铝扣板、铝塑板、PVC 型材等。

1）普通石膏板。普通石膏板由双面贴纸内压石膏形成，常用规格有 1 200 mm × 3 000 mm 和 1 200 mm × 2 440 mm 两种，厚度一般为 9 mm。其特点是价格便宜，但遇水、潮湿易软化或分解。普通石膏板一般用于大面积吊顶和对防水要求不高的地方，可以做吊顶面板，也可以做隔墙面板，如图 3-54 所示。

图 3-53 木塑复合材料的室内墙面、吊顶

图 3-54 普通石膏板吊顶

2）硅钙板。硅钙板又称石膏复合板，是一种多孔材料，具有良好的隔声、隔热性能，可以适当调节室内湿度，增加舒适感。石膏制品又是特级防火材料。硅钙板在外观上保留了石膏板的美观，但重量大大低于石膏板，强度远高于石膏板，且彻底改变了石膏板因受潮而变形的致命弱点，将材料的使用寿命延长了数倍。在消声吸声及保温隔热等性能方面，硅钙板也比石膏板有所提高。硅钙板一般规格为 600 mm × 600 mm，主要用于办公室、商场等场所，不宜在家庭装饰中使用。

3）铝扣板。铝扣板主要用于厨房和卫生间的吊顶工程，如图 3-55 所示。在使用寿命和环保方面，铝扣板更优于 PVC 材料和塑钢材料，对厨房和卫生间具有更好的保护性能和美化装饰作用。家装铝扣板按照表面处理工艺分类主要分为喷涂铝扣板、滚涂铝扣板和覆膜铝扣板三大类，其使用寿命逐渐增长，性能逐渐提高。铝扣板有长条形和方块形两种类型，厚度有 0.4 mm、0.6 mm、0.8 mm 等多种，颜色种类繁多。

4）铝塑板。铝塑板具有经济性、可选色彩多样、施工方法便捷、加工性能优良、防火性能绝佳及品质高贵等特点，常见规格为 1 220 mm × 2 440 mm，颜色丰富，是室内吊顶、包管的上好材料。许多建筑的外墙和门脸也常用此材料。铝塑板分为单面和双面，由铝层与塑层组成，单面较柔软，双面较硬挺，家庭装饰常用双面铝塑板。

图 3-55　铝扣板吊顶

5）PVC 型材。PVC 型材以 PVC 为原料，经加工成企口式型材。PVC 型材具有质量轻、安装简便、防水、防潮的特点，其表面的花色图案变化也非常多，并且耐污染、好清洗，有隔声、隔热的良好性能，成本低、装饰效果好，因此是卫生间、厨房、洗手间、阳台等吊顶的主导材料，如图 3-56 所示。

图 3-56 PVC 型材吊顶

6）集成吊顶。集成吊顶是指 HUV 金属方板与电器的组合吊顶，分为扣板模块、取暖模块、照明模块和换气模块。集成吊顶具有安装简单、布置灵活、维修方便的特点，是卫生间、厨房吊顶的主流，如图 3-57 所示。

图 3-57 集成吊顶

（2）龙骨

1）木龙骨。家庭装饰吊顶可用的木龙骨有多种规格，吊顶常用木龙骨规格为 30 mm × 50 mm，常用木材有白松、红松和樟子松。

2）轻钢龙骨。轻钢龙骨具有坚硬、防火、施工方便等特点，一般在工程隔墙、大面积吊顶中使用较多，家庭装饰中极少采用。轻钢龙骨吊顶架构由主龙骨、副龙骨和配件组成。

三、室内装饰材料的功能及选择

1. 室内装饰材料的功能

（1）墙面装饰功能

内墙装饰的目的是保护墙体，保证室内使用条件，同时使室内环境美观、整洁和舒适。墙体的保护方法一般有抹灰、油漆、贴面等。传统的抹灰能延长墙体使用年限，当室内相对湿度较高，墙面易被溅湿或需用水刷洗时，内墙需做隔汽隔水层予以保护，如浴室、手术室的墙面一般用瓷砖贴面。内墙饰面一般不满足墙体的热工性能，当需要时也可使用保温性能好的材料（如珍珠岩等）进行饰面以提高保温性。内墙饰面对墙体的声学性能往往起辅助性作用，如反射声波、吸声、隔声等。例如，采用泡沫塑料壁纸，平均吸声系数可达到 0.05；采用平均 2 cm 厚的双面抹灰砂浆，随墙体本身容重的大小可提高隔墙隔声量 1.5 ~ 5.5 dB。

内墙的装饰效果由质感、线型与色彩三要素构成。由于内墙与人的距离较近，较之外墙或其他外部空间来说，内墙的质感要求更细腻逼真；线条可以是细致的，也可以是粗犷有力的；色彩由客户的喜好及房间的内在性质决定，明亮度则可以根据具体环境采用反光性、柔光性或无反光性装饰材料。

（2）地面装饰功能

地面装饰的目的可分为三方面：保护楼板及地坪，保证使用条件，起装饰作用。一切楼面、地面必须保证必要的强度、耐腐蚀、耐磕碰、表面平整光滑等基本使用条件。此外，底层地面还要有防潮的性能，浴室、厨房等地面要有防水性能，其他室内空间地面要能防止擦洗地面等生活用水的渗漏。标准较高的地面还应考虑隔汽、隔撞击声、吸声、隔热保温和富有弹性，使人感觉舒适、不易疲劳等功能。地面装饰是室内装饰的一个重要组成部分。

（3）天棚装饰功能

天棚可以说是内墙的一部分，但由于其所处位置不同，对材料的要求也不同。天棚装饰材料的色彩应选用浅淡、柔和的色调，不宜采用浓艳的色调。常见的天棚多为白色，以增强光线反射能力，增加室内亮度。天棚装饰还应与灯具相协调，除平板式天棚制品外，还可采用轻质浮雕天棚装饰材料。

2. 室内装饰材料的选择

室内装饰的目的就是创设一个自然、和谐、舒适、整洁的环境，各种室内装饰材料的色彩、质感、触感、光泽等的选用将极大地影响室内环境。一般来说，室内装饰材料的选用应从以下几个方面综合考虑。

（1）建筑类别与装饰部位

建筑物有各式各样的种类和不同的功能，如大会堂、医院、办公楼等，其装饰材料的选择也各有不同。例如，大会堂庄严肃穆，装饰材料常选用质感坚硬、表面光滑的材料，如大理石、花岗石，色彩常用较深色调，而不采用五颜六色的装饰。医院气氛沉重而宁静，宜用淡色调和花饰较小或素色的装饰材料。

装饰的部位不同，材料的选择也不同。卧室墙面宜淡雅明亮，应避免强烈反光，可采用塑料壁纸、墙布等装饰。厨房、卫生间应清洁、卫生，宜采用白色瓷砖或水磨石装饰。

（2）地域和气候

装饰材料的选用常常与地域或气候有关，水泥地坪的水磨石、花阶砖散热快，在寒冷的地区需采暖的房间里使用此类材料会让长期生活在此处的人感觉太寒冷，从而产生不舒适感，故寒冷的地区应采用木地板、塑料地板、高分子合成纤维地毯等，其导热性低，使人感觉暖和舒适；而在炎热的地区，则应采用有冷感的材料。

（3）场地与空间

不同的场地与空间要采用与之协调的装饰材料。空间宽大的会堂、影剧院等，其装饰材料的表面组织可粗犷而坚硬，并有突出的立体感，可采用大线条的图案。室内宽敞的房间可采用深色调和较大的图案，避免产生空旷感。对于空间较小的房间，其装饰要选择质感细腻、线型较细和有扩展效应颜色的材料。

（4）标准与功能

装饰材料的选择还应考虑建筑物的标准与功能要求。空调的使用要求装饰材料有保温绝热功能，故壁饰可采用泡沫型壁纸，玻璃采用绝热或调温玻璃等。在影院、会议室、广播室等室内装饰中，则需要采用吸声装饰材料，如穿孔石膏板、软质纤维板、珍珠岩装饰吸声板等。总之，选择室内装饰材料时应根据建筑物对吸声、隔热、防水、防潮、防火等的不同要求，考虑具备相应功能的材料。

（5）民族性

选择室内装饰材料时，要注意运用先进的材料与装饰技术，表现民族传统和地方特色。例如，装饰金箔和琉璃制品是我国特有的装饰材料，这些材料一般用于古建筑或纪念性建筑装饰，表现我国民族和文化的特色。

（6）经济性

从经济角度考虑室内装饰材料的选择时应有一个总体观念，即不但要考虑一次性投资，而且要考虑后期使用过程中的维修费用，在关键问题上宁可加大投资以延长使用年限，保证总体的经济性。

第三节 SECTION 3 室内色彩

室内空间的色彩设计与室内的每个陈设都有直接、紧密的联系。把色彩独特的表现力和感染力合理应用到室内设计中，对人的心理和生理都会产生积极的作用。

一、色彩的属性

色彩在设计应用中会出现四种基本属性，即通常所说的四大要素：色相、色性、明度和纯度。

1. 色相

色相是指色彩的相貌、名称，是区分颜色最直接的依据，也是一种颜色区别于另一种颜色的表面特征，如红色、蓝色等。

2. 色性

色性是指色彩的冷暖关系。根据对人的心理作用，可将色彩分为两大类别：暖色系，即红、橙、黄，如图 3-58 所示；冷色系，即青、蓝、紫，如图 3-59 所示。色性的形成与人们长期接触自然界和自己长期形成的心理因素有关。例如，看到红色就会联想到太阳，产生温暖的感觉；看到蓝色就会联想到大海，产生寒冷的感觉。色彩的冷暖关系是相对而言的，因为在色彩搭配过程中，色系的变化会对色彩的冷暖关系产生影响。

3. 明度

明度是指色彩的明暗程度，也就是平时所说的色彩的亮度。色相本身的明暗程度是不同的，是与生俱来的。在自然光的照射下，可以看到光谱中黄色最亮，明度最高，紫色最深，明度最低。所以在学习应用中要合理观察，掌握不同色彩不同明度的搭配方法（见图 3-60 和图 3-61）。

图 3-58　暖色调空间

❶ 图 3-59　冷色调空间
❷ 图 3-60　高明度空间

4. 纯度

纯度是指颜色本身的纯净程度。在颜色表中，纯度最高的是三原色，即红、黄、蓝。间色与复色也能够形成较高的纯度，但受到色系关系的影响，其纯度与明度会递减，如红色会产生深红、朱红、玫红、淡红等不同明暗层次的变化。在空间使用合理配色的基础上，纯度运用得恰当，能够增加室内空间的时尚感和个性（见图 3-62 和图 3-63）；反之，会使整体空间装饰显得俗气、突兀。

❶ 图 3-61　低明度空间
❷ 图 3-62　高纯度空间

图 3-63 较低纯度空间

二、室内色彩设计原则

1. 充分考虑功能要求

室内色彩主要应满足功能和精神需求。在功能要求方面，首先应认真分析每个空间的使用性质，不同使用性质的空间对室内色彩有不同的要求。

2. 力求符合空间构图需要

室内色彩配置必须符合空间构图原则，充分发挥对空间的美化作用，正确处理协调与对比、统一与变化、主体与背景的关系。在设计室内色彩时，首先要确定空间色彩的主色调。色彩的主色调在室内气氛中起主导和润色、陪衬、烘托的作用。其次要处理好统一与变化的关系。若只有统一而无变化，则达不到美的效果，因此要求在统一的基础上求变化，这样容易取得良好的效果。为了取得统一中又有变化的效果，大面积的色块不宜采用过于鲜艳的色彩，小面积的色块可适当提高色彩的明度和纯度。此外，室内色彩设计要体现稳定感、韵律感和节奏感。为了达到空间色彩的稳定感，常采用上轻下重的色彩关系。室内色彩的变化应形成一定的韵律感和节奏感，注重色彩的规律性，切忌杂乱无章。

3. 利用室内色彩改善空间效果

充分利用色彩的物理性能和色彩对人心理的影响，可在一定程度上改变空间的尺度和比例，优化空间效果。例如，室内空间过高时，可用近感色，减弱空旷感，增加亲切感；墙面过大时，宜采用收缩色；柱子过细时，宜用浅色；柱子过粗时，宜用深色，减弱粗笨感。

4. 注意民族、地区和气候条件

符合多数人的审美要求是室内设计的基本规律。但对于不同民族来说，由于生活习惯、文化传统和历史沿革不同，其审美要求也不同。因此，室内色彩设计既要掌握一般规律，又要了解不同民族、地理环境、气候条件等的特殊要求。

三、室内色彩设计方法

1. 了解色彩设计的相关因素

在进行室内色彩设计时，首先应了解和色彩有密切联系的因素。

（1）空间的使用目的

不同的空间使用目的（如会议室、病房、客厅）对色彩的要求、性格的体现、气氛的形成等各不相同。

（2）空间的大小、形式

色彩可以按不同空间大小、形式来进一步强调或弱化。

（3）空间的方位

对于不同方位的空间需要制订不同的色彩计划，并可以根据空间的使用性质和朝向，通过色彩来调节空间的自然光线及整体气氛。

（4）空间使用者的类别

男女老少对色彩的要求有很大的区别，色彩应符合使用者的喜好。

（5）使用者在空间内活动及使用时间的长短

使用者在空间内活动及使用时间的长短不同，对色彩的色相、对比度等要求也不同。长时间使用的空间，其色彩应避免产生视觉疲劳。

（6）该空间所处的环境

色彩应和周围环境相协调。室内色彩的反射可以影响其他颜色，同时室外自然景物的颜色也能反射到室内。

（7）使用者对于色彩的偏爱

一般来说，在符合色彩使用原则的前提下，应该合理满足不同空间使用者的个性和爱好，设计方案尽可能符合使用者的心理要求。

2. 色彩协调

室内色彩设计的根本问题是配色，这是室内色彩效果优劣的关键，孤立的颜色无所谓美或不美。色彩效果取决于不同颜色之间的相互关系，同一颜色在不同的背景条件下其色彩效果可以迥然不同，这是色彩所特有的敏感性和依存性。因此，如何处理好色彩之间的协调关系就成为配色的关键问题。

色彩的近似协调和对比协调在室内色彩设计中都是需要的：如图 3-64 所示，近似协调能给人统一、和谐的平静感；如图 3-65 所示，色彩之间的对立、冲突所构成的对比协调更能动人心魄。

❶ 图 3-64 色彩的近似协调
❷ 图 3-65 色彩的对比协调

3. 色彩构图

（1）室内色彩分类

1）背景色彩。如墙面、地面、顶棚，它们占有极大面积并起到衬托室内一切物品的作用。因此，背景色彩是室内色彩设计中首要考虑和解决的问题。

2）装饰色彩。如门、窗、通风孔、博古架、墙裙、壁柜等，常和背景色彩有紧密的联系。

3）家具色彩。不同品种、规格、形式、材料的家具，如橱柜、梳妆台、床、桌、椅、沙发等，是室内陈设的主体，是表现室内风格、个性的重要因素。家具色彩和背景色彩有着密切关系，常成为控制室内

总体效果的主体色彩。

4）织物色彩。织物包括窗帘、帷幔、床罩、台布、地毯、沙发、座椅等蒙面织物。织物可用于背景，也可用于重点装饰。

5）陈设色彩。灯具、电视机、电冰箱、热水瓶、烟灰缸等体积虽小，但可起到画龙点睛的作用，因此不可忽视。在室内色彩中，陈设色彩常作为重点色彩或点缀色彩。

6）绿化色彩。盆景、花篮、吊篮、插花等花卉和植物有着不同的姿态、色彩、情调和含义，同时和其他色彩容易协调，对丰富空间环境、创造空间意境、增添生活气息、软化空间肌体有着特殊的作用。

根据上述分类，常把室内色彩概括为以下三大部分：

第一，背景色，常作为大面积的色彩，对室内其他物品起衬托作用。背景色宜用灰调。如图 3-66 所示，墙面的浅色作为背景色。

第二，主体色。在背景色的衬托下，一般以在室内占有统治地位的家具为主体色。如图 3-67 所示，家具的棕色作为主体色。

❶ 图 3-66　背景色
❷ 图 3-67　主体色

第三，重点色或强调色，面积小却非常突出，常作为室内装饰和点缀重点。如图 3-68 所示，其中饰物的紫色作为重点色。重点色的纯度和明度一般比背景色高。

以什么为背景色、主体色和重点色，是色彩设计首先应考虑的问题。同时，不同色彩物体之间的相互关系会形成多层次的背景关系，如沙发以墙面为背景，沙发上的靠垫又以沙发为背景，这样，对靠垫来说，墙面是大背景，沙发是小背景或第二背景。另外，在许多设计中，墙面、地面等不一定只使用一种色彩，也可能会交叉使用多种色彩；另外，图形色和背景色也会相互转化。

图 3-68 强调色

（2）色彩构图处理方法

色彩的统一与变化是色彩构图的基本原则，所采取的一切方法均为达到此目的。色彩构图时应着重考虑以下问题：

1）主调。室内色彩应有主调或基调，冷暖、性格、气氛都通过主调来体现。对于规模较大的建筑，主调更应贯穿整个室内空间，在此基础上再考虑局部、不同部位色彩的适当变化。主调的选择是 个决定性的步骤，主调必须与空间的主题十分贴切。

2）大部位色彩的统一协调。主调确定以后，就应考虑色彩的施色部位及其比例分配。主调一般应占有较大比例，而次调只占较小比例。在室内色彩设计时，决不能将色彩的三大部分分类作为考虑色彩关系的唯一依据。分类可以简化色彩关系，但不能代替色彩构思。因为，作为大面积的界面，在某种情况下，也可能成为室内色彩的重点表现对象。例如，在室内家具较少时，地面常成为视觉的焦点，往往予以重点装饰。因此，可以根据设计构思，采取不同的色彩层次或缩小色彩层次的变化，选择和确定图底关系，突出视觉中心。例如，用统一顶棚、地面色彩来突出墙面和家具，用统一墙面、地面色彩来突出顶棚和家具，用统一顶棚、墙面色彩来突出地面和家具，用统一顶棚、地面、墙面色彩来突出家具。

3）加强色彩的魅力。背景色、主体色、重点色三者之间的色彩关系绝不是孤立的、固定的。如果机械地理解和处理，必然千篇一律，变得单调。在进行色彩设计时，既要有明确的图底关系、层次关系和视觉中心，又不刻板、僵化，才能达到丰富多彩的效果。可采用以下几种处理方法：

①色彩的重复或呼应。即将同一色彩用到关键的几个部位上，从而使其成为控制整个室内色彩的关键色。例如，家具、窗帘、地毯运用相同的色彩，使其他色彩居于次要的、不明显的地位。色彩的重复或呼应也能使色彩之间相互联系，形成一个多样统一的整体，形成彼此呼应的关系，如图 3-69 所示。

②色彩的韵律感。有规律的色彩布置容易引起视觉上的运动，这种现象称为色彩的韵律感。色彩的韵律感不一定用于大面积，也可用于位置接近的物体。当在一组沙发、一块地毯、一个靠垫、一幅画或一簇花上都有相同的色块时，室内空间物与物之间的关系就会像“一家人”一样，显得更有内聚力。墙上的组画、椅子的坐垫、瓶中的插花等均可作为布置色彩韵律感的地方。

图 3-69　色彩的呼应

③色彩的强对比。色彩由于相互对比而得到加强，当室内存在对比色时，其他色彩就会退居次要地位，视觉能快速集中于对比色。通过对比，色彩的表现力得到加强。色彩对比不只有红与绿、黄与紫等，还包括明度对比、纯度对比、清色与浊色对比、彩色与非彩色对比等。不论采取何种加强色彩表现力的方法，其目的都是为了达到室内的统一和协调。

总之，解决色彩之间的相互关系是色彩构图的重点。室内色彩可以划分成许多层次，色彩关系随着层次的增加而复杂，随着层次的减少而简化。室内色彩要多样统一，统一中有变化，且不单调、不杂乱，色彩之间有主有从有中心，就会形成一个完整而和谐的整体空间。

第四节 SECTION 4 室内采光与照明

在室内空间设计中，光的作用尤为重要。光不仅能满足人们视觉功能的需要，而且还是空间美的创造者。因此，采光与照明是室内设计的重要组成部分，在设计中应重点考虑。

一、光源的分类

室内光源可分为自然采光和人工照明两大部分。

1. 自然采光

通常将室内对自然光的利用称为自然采光。采用此种光源可以节约能源，并且在视觉上更为舒适，心理上能与自然更接近，但容易受时间的限制。自然采光的方式有以下几种：

（1）窗式采光

通常室内采用自然光主要是依靠窗户来采光，所以称为窗式采光。这种采光形式广泛应用于住宅、办公室、客房及公共场所等，如图 3-70 所示，这种采光模式进光的多少受到窗户大小的限制。

（2）玻璃幕墙采光

玻璃幕墙由结构框架和镶嵌玻璃板材组成。玻璃幕墙采光广泛用于办公室、图书馆、医院、学校及商城或展览厅的门厅或走廊等处，如图 3-71 所示。

图 3-70 窗式采光

（3）玻璃顶棚采光

玻璃顶棚采光是指采用玻璃或其他透明材料做顶棚，进行全顶棚、局部顶棚或倾斜顶棚进光，使室内各区域的共享空间同时采光，如图 3-72 所示。

❶ 图 3-71 玻璃幕墙采光
❷ 图 3-72 玻璃顶棚采光

（4）落地玻璃墙采光

为了让优美的自然风光或场景融入室内，往往采用大玻璃墙采光的形式。落地玻璃墙既可采光，又可让路人看到室内空间，如图 3-73 所示。它被广泛用于银行、商场、餐厅及大酒店的门面等商业场所，对于私密性强的空间不是很适合。如果用在私密性强的空间，则要辅助遮光性高的窗帘。

2. 人工照明

人工照明是指利用可发光的物体进行室内照明，常指灯光照明。它是夜间的主要光源，同时又是白天室内光线不足时的重要补充。人工照明可以较自由地调整光的方向、颜色，是使用最广泛的照明方式。

图 3-73　落地玻璃墙采光

二、照明的相关概念

1. 照度

照度表示被光照的某一面上单位面积内所接收的光通量，其单位为勒克斯（lx）。照度过高，容易造成视觉疲劳；照度过低，则会影响视力，使记忆力下降、思考能力降低等。

2. 色温

灯光有不同的色温。低色温光源是指呈现红、橙、黄色的光源。低色温光源给人热情、兴奋的感觉，被称为暖色光。高色温光源是指呈现蓝、绿、紫色的光源。高色温光源给人宁静、寒冷的感觉，被称为冷色光。

光源颜色的选择要和室内空间的功能要求相结合。例如，办公室、教室、病房等宜采用冷色光源，以创造宁静的气氛；剧院、舞厅等宜采用暖色光源，以创造热情的气氛。另外，在寒冷的地区宜采用暖色光源，在温暖、炎热的地区宜采用冷色光源。

3. 亮度

亮度表示由被照面的单位面积所反射出来的光通量，它与被照面的反射率有关。

4. 材料的光学性质

光遇到物体后，入射光的光通量等于反射光的光通量、透射光的光通量和吸收光的光通量的总和。

当光射到表面光滑的不透明材料上时，会产生镜面反射；如果射到不透明的粗糙表面上时，则产生漫反射。

三、照明布局形式

1. 基础照明

基础照明是指大空间内采用均匀的固定灯具照明，给室内提供最基本的照度，并形成一种格调。基础照明不考虑特殊部位的需要，以照亮整个场地为目的，故也称一般照明，如图 3-74 所示。

图 3-74 基础照明

2. 重点照明

重点照明是指为突出特定目标或引起对于某一部分的注意，而对重点部位进行强调性的重点投光。一般重点照明的照度是基本照明的 3 ~ 5 倍，如图 3-75 所示。

3. 装饰照明

为了对室内进行装饰，增加空间层次，营造环境气氛，常用装饰灯具进行照明，主要强调灯具本身的艺术效果，照明只是辅助功能，如图 3-76 至图 3-78 所示。

图 3-75　重点照明

图 3-76　装饰照明（一）

图 3-77 装饰照明（二）

图 3-78 装饰照明（三）

第五节 SECTION 5 室内家具陈设与绿化

家具是人类生活的伴侣。家具最初只是简单地满足人们吃饭、睡觉这些最基本的生活需求，随着社会生活的进步、人们生活方式的改变和技术工艺的发展，家具融合了高度的科学性、艺术性和实用性，成为与人们关系极为密切的生活产品。

室内环境的改善是现代居住环境的一种进步，人们在追求“居者有其屋”的同时，慢慢地开始要求生态生活、绿色生活。绿化环境能够净化室内空气、改善人类的居住质量，让人们的生活变得更美好。室内绿化的空间表现效果也很突出，由于绿植的可塑性、通透性和色彩要素等，现代室内环境一般都比较注重采用绿植进行室内装饰。

一、室内空间的家具布置方式

室内空间设计的整体风格是合理确定家具数量与风格类型的依据。室内空间的家具布置方式有以下几种：

1. 单侧式家具陈设

单侧式家具陈设是将家具集中摆放在一侧，留出另一侧的空间，如图 3-79 所示。当人们在布置小空间居室的客厅时，通常为解决空间进深的问题多采用此方式。这种方式将居住区与走道区分开，能够最大限度地为其他活动提供较大的面积。

2. 分散式家具陈设

分散式家具陈设是将家具形成团化与组群的一种安排，适用于较大的空间。这种布置方式形式灵活多变，可以适应各种活动的开展（见图 3-80）。分散式家具陈设可有面对面、背靠背、面对背、面对侧等形式，这样在人与人交流的过程中有开放的一面也有隐私的一面。

❶ 图 3-79　单侧式家具陈设
❷ 图 3-80　分散式家具陈设

3. 靠墙式家具陈设

靠墙式家具陈设是将家具围绕墙面进行陈设，以充分利用墙面解决室内空间问题，如图 3-81 所示。靠墙式陈设主要应用在组合式家具中。组合式家具的格局与构造比较灵活，可以根据室内空间的格局及墙面的大小、高低进行合理组合。这种组合方式与靠墙式陈设相得益彰，搬动方便，组合灵活，适应各种室内空间，同时也节约出较多的活动空间。

图 3-81 靠墙式家具陈设

二、陈设品的类型

陈设品是室内空间装饰的主要角色。在整体装饰风格的引导下，陈设品是室内空间气氛的烘托者。陈设品可分为软装系类、艺术品类和文玩品类。

1. 软装系类

软装系类陈设品包括地毯、窗帘、床上用品及桌布、壁挂织物等（见图 3-82）。

图 3-82 地毯、窗帘

地毯具有较强的吸声效果，能够提供良好的、富有弹性的地面装饰。在客厅中多采用颜色简洁明快、图案漂亮、尺寸方正的地毯，在铺设上可采用大面积通铺，也可采用小面积点缀，如茶几下、沙发前等。在餐厅可采用图案大胆、色彩鲜艳的地毯。在门厅、走廊可采用带有花边的几何图案、四方连续图案的地毯。

窗帘一般分为纱帘、遮光帘和内帘。按悬挂方式分类，窗帘可分为挂钩式、直拉式、卷帘式、吊拉式、护幔式等。在选择窗帘的过程中，要注意卧室、客厅、书房的要求是有所区别的。客厅窗帘要求图案大气、色彩端庄，由于其尺寸较大，多采用双开对拉形式。卧室要求有一定的私密性，因此多选择具有阻隔声音、遮挡光线效果的厚布窗帘，以提高睡眠质量、改善休息环境。书房是室内环境中较为安静的区域，主要用于读书、写字等学习活动，在选择窗帘时主要考虑透光性原则，以提供较好的采光。

床上用品及其他壁挂织物可提高整体居住环境的色彩、品位和格调，在选择搭配时既应具有一定的实用性，又应衬托室内设计风格，并提高空间美感。

2. 艺术品类

艺术品类陈设品泛指书法、绘画、雕塑、摄影作品、工艺品等。艺术品类陈设品是随着人们生活水平不断提高、审美水平不断变化而发展的。在设计风格的指导下，艺术品类陈设品要符合家具的风格，如中国书画艺术作品比较适合与中式家具搭配，油画、水彩比较适合与欧式家具搭配。摄影作品的大小尺寸随意，照片墙比较适合搭配简约风格（见图 3-83 和图 3-84）。

图 3-83　艺术品类陈设品（一）

3. 文玩品类

文玩品类陈设品指文玩、盆景、插花、收藏等。文玩品类陈设品多与靠墙式家具陈设相互搭配。由于受到展示家具的限制，这类陈设品多以博古架、花几、条案为陈设背景（见图 3-85 和图 3-86）。盆景是中国传统园林艺术的浓缩，是中国画实景的展示，具有极强的诗情画意。盆景可分为古树盆景和山水盆景。插花艺术也极具装饰性。插花艺术是指运用不同的花材，经过一定的修剪、配色，形成自然、优雅的装饰品。根据花材的不同，插花可分为鲜花插盆和干花插盆。根据插花手法的不同，插花也可分为西方立体式插花、东方线条式插花等。

❶ 图 3-84　艺术品类陈设品（二）
❷ 图 3-85　文玩品类陈设品（一）
❸ 图 3-86　文玩品类陈设品（二）

三、室内绿化（见图 3-87）

1. 造型表现

室内空间依据纵向划分，可分为高层、中层和低层空间。在设计绿植造型的过程中，要了解绿植的生长习性、生长姿态及本身特质，然后依据空间需要进行绿化造型设计。

图 3-87 室内绿化

（1）高层空间

高层空间处在居室空间上层，有较多的空间形态。这层空间活动的范围比较小，在绿植造型的安排上要求考虑绿植的生长方式及造型高度。吊兰、绿萝、常春藤等绿植生长姿态柔软，向下形成垂度，造型优美，节省空间，比较好养殖（见图 3-88 和图 3-89）。

（2）中层空间

中层空间处在室内空间的中层。这层空间形态受家具的影响较多，活动空间也较少，比较适合选用具有伸展性的绿植（见图 3-90），

图 3-88 高层空间绿植

如散尾葵、龙血树、金叶芋、龟背竹、春芋、大叶橡皮树等。这类绿植有较长的枝干，可以从中层空间延伸至高层空间，使两个空间连续，避免了空间孤立。

（3）低层空间

低层空间主要以家具实体为主，可选用小巧的绿植摆放在茶几、桌面上，便于人们观赏，如文竹、君子兰、兰花等。这类绿植株型较为矮小，不需要太大的生长空间，能够在家具陈设中起到一定的点缀作用。

2. 装饰表现

绿植的装饰性原则应用体现在两个方面。

（1）图案方面

绿植在生态习性上呈现出多样化，其叶子的外形具有较强的图案装饰性，如形似红心、手掌、

❶ 图 3-89　高层壁面绿植
❷ 图 3-90　中层空间绿植

三角形、羽毛、纸扇等。叶子的不同外形能够从整体上起到软化视觉的作用，也提升了室内空间的审美情调。

（2）色彩方面

绿植本身具有的色彩能够在居室色彩搭配中起到一定的点缀作用。例如，中式风格中家具的颜色都偏重，材质与造型古朴厚重，缺少颜色的变化，若在条案上摆放一盆兰花，空间立刻会有灵动感，可见绿植色彩的重要作用。还有一些绿植颜色多样、色彩多变，能够起到很好的色彩装饰作用，如红枫、花叶斑芋、彩叶草等，其叶子本身就具有一定的装饰性，再与家具陈设搭配，更显得色彩艳丽、情趣盎然（见图 3-91）。

图 3-91　绿植与家具陈设搭配

知识拓展

室内绿色设计

一、绿色意识及室内绿色设计的概念

1. 绿色意识

随着环保、节能、低碳和可持续发展意识的日益普及，人们对“绿色”的渴求已迅速渗透到各个领域，发展与人们的生活密切相关的室内绿色环境便是重要的内容之一。

2. 室内绿色设计的概念

室内绿色设计是指能给人们提供一个环保、节能、安全、健康、方便、舒适的室内生活空间环境的设计。室内绿色设计有别于以往形形色色的各种设计思潮，更不同于以“人”的需求为目的而凌驾于环境之上的传统室内设计理念和模式。

室内绿色设计应遵循以下三点原则：

（1）提倡适度消费原则

尽管室内绿色设计把创造舒适优美的人居环境作为目标，但与以往不同的是，室内绿色设计倡导适度消费理念，倡导节约型的生活方式，不赞成室内装饰中的豪华和奢侈铺张。这体现了一种新的生态观、文化观和价值观。

（2）注重生态美学原则

室内环境创造中，要注重室内绿色景观与自然环境的融合。自然生态美所带给人们的不是一时的视觉震撼，而是持久的精神愉悦。因此，生态美更是一种意境层次上的美。

（3）倡导节约和循环利用原则

室内绿色设计强调在室内环境的建造、使用和更新过程中，对常规能源与不可再生资源的节约和回收利用，对可再生资源也要尽量低消耗使用。在室内生态设计中实现资源的循环利用，是现代建筑能够得以持续发展的基本手段，也是室内绿色设计的基本特征。

二、室内绿色设计的运用

在室内设计过程中，融入绿色设计通常要考虑以下四个方面的因素。

1. 空间功能的分配组合

室内绿色设计中，合理的空间组织安排是重要的一部分。所谓合理，是指除了满足人体工程学和完善的空间功能组织之外，也要考虑可发展性。随着时间的推移，一个室内空间所面临的对象也许会有所变化，对空间的要求也会产生变化，为了避免二次改造带来的各种浪费，设计师应深入分析客户的需求，并加以判断。此外，室内空间以开敞的形式大量出现，这也是绿色设计的一种表现，因为开敞式的空间除了视觉上给人以流动感之外，各个空间的贯通也增加了空间层次感；另外，通透的空间不论是对空气流通还是自然采光都起到正面的作用。绿色居住空间合理运用通风和自然采光以营造冬暖夏凉的氛围，就是要降低人们对空调等家电的依赖程度。节能环保正是绿色设计所提倡的。

2. 新型材料和自然材质的应用

在进行室内绿色设计时，装饰材料必然要符合绿色理念。例如，墙面大面积使用木质板材装饰可以表现出回归自然的效果，但若选用环保的壁纸代替大面积的木质板材，虽然效果没有木质板材好，却体现了绿色设计中追求绿色环保材料的理念。当然，选用天然植物装饰墙面并不是不可能的，如用棉、麻、藤制品等作为基材的天然墙饰。以上都是绿色健康的设计方式。常见的地面装饰材料有石材、木地板、地毯、瓷砖和塑料地板五类。随着社会的进步、科学技术的发展，这些材料都逐渐向环保型靠拢。例如，微晶石不仅板面平整洁净、色调均匀一致、纹理清晰雅致、光泽柔和晶莹、色彩绚丽璀璨、质地坚硬细腻，而且具有不吸水、防污染、耐酸碱、抗风化、绿色环保、无放射性毒害等优点。这些优良的理化性能都是天然石材不可比拟的。还有石塑地砖，又称石塑地板，具有重量轻、超强耐磨、表面光亮而不滑、防火防水、吸声防噪、导热保暖、绿色环保等特点，是当今世界各国广泛使用的一种新型地面装饰材料。

3. 注重绿色设计中的色彩风格

在绿色设计中，应强调空间形体间的色彩关系，从局部延伸到全局，而不拘泥于局部变化，这样可避免只在装饰技巧上下功夫，最终局部效果不错，但整体却显得杂乱无章。

4. 注重绿色设计中的照明设计

现代照明设计是在满足用户需求的同时，利用光线的表现力对空间进行再次加工，体现艺术美。但是在追求艺术美时，也应有节电的意识。在室内照明设计中，应以自然光源和照明光源为主体，最大限度地增加房屋的自然采光率，尽量减少电灯的使用率。例如，设计时可以多使用玻璃等透明材料和镜子，尽量选用浅色墙漆、墙砖、地板，减少过多的装饰墙，这样可以增强居室的自然采光。

思考与练习

1. 建筑室内空间的类型有哪些？它们各自的特点是什么？
2. 建筑室内界面的设计要求有哪些？
3. 室内分隔的作用是什么？怎么做好室内分隔？
4. 室内设计对色彩配色的要求有哪些？
5. 陈设品的类型有哪些？
6. 家具陈设方式有哪些？
7. 绿植在室内设计安排上有哪些变化？

技能训练三　色彩设计与渲染

训练目的

1. 学会运用室内色彩设计的基本原则和要点。

2. 进行室内色彩设计，完成装饰设计彩色效果图的绘制。

训练内容

由教师给定几套室内空间图，在原图基础上进一步加强色彩设计，完善装饰设计彩色效果图的渲染。

训练要求

根据室内空间的使用功能、造型、材料、氛围等要素进行合理的室内空间配色。

训练成果

提交一套装饰设计方案的彩色效果图。

技能训练四　室内装饰材料市场调研

训练目的

1. 通过市场调研认识各类室内装饰材料。

2. 锻炼观察、交流、归纳、整理、总结能力，积累设计素材。

训练内容

3 ~ 4 人一组，就某一类装饰材料（如壁纸、地砖）进行调研。

方式：直接和经销商沟通、询问。

时间：两周内。

训练要求

1. 通过实地观察，运用相机、手机等电子设备记录，后期在照片上加以文字说明，积累成册。

2. 将所调研的装饰材料的基本信息（如类别、价格、特点）整理成调研报告。

训练成果

每位同学分享、交流各自归类整理的图片，然后由专人负责将所有材料归类整理成一个整体的文件，并将最终成果发送到教师的邮箱。

第四章

居住空间室内设计

学习目标

◆了解居住空间室内功能划分和类型。

◆熟悉居住空间室内设计程序。

◆掌握客厅、餐厅、厨房、卧室、卫生间等住宅空间的设计要点。

◆初步掌握运用空间功能、照明、色彩、家具等技巧综合表达居住空间的设计能力。

本章思维导图

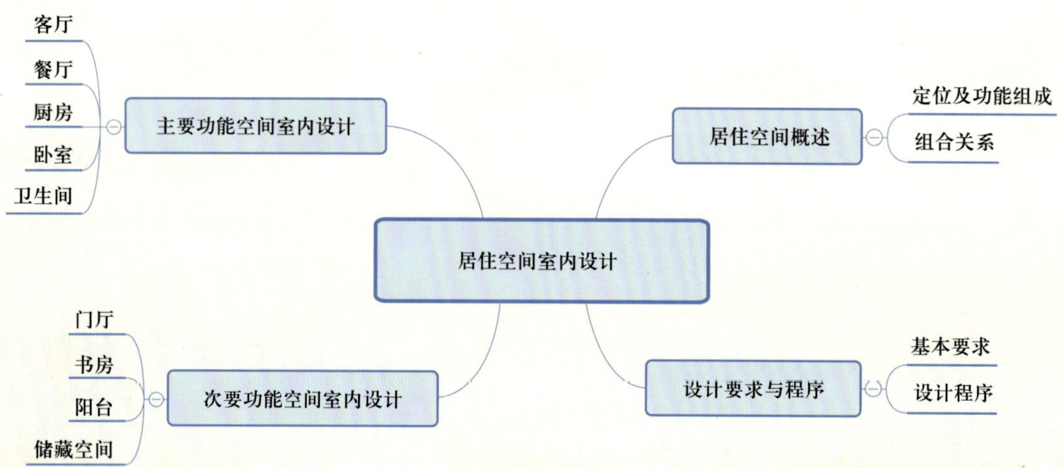

居住空间室内设计
居住空间概述
定位及功能组成
组合关系
设计要求与程序
基本要求
设计程序
主要功能空间室内设计
客厅
餐厅
厨房
卧室
卫生间
次要功能空间室内设计
门厅
书房
阳台
储藏空间

居住空间室内设计是指在住宅空间内运用物质材料、工艺技术及艺术手段，创造出功能合理、舒适美观，符合人的生理、心理需求的居住空间，为居住者提供便于生活、工作、学习的理想居住环境。

第一节 SECTION 1 居住空间概述

一、居住空间的定位

现代住宅功能空间的组成因条件和家庭追求而各具特点，但组成不外乎包括：门厅（玄关）、客厅（起居室）、餐厅、厨房、卧室（夫妻、老人、子女、客用）、卫生间（双卫、三卫、四卫）、书房（工作间）、储藏室、工人房、洗衣房、阳台（平台）、车库、设备间等，如图 4-1 所示。

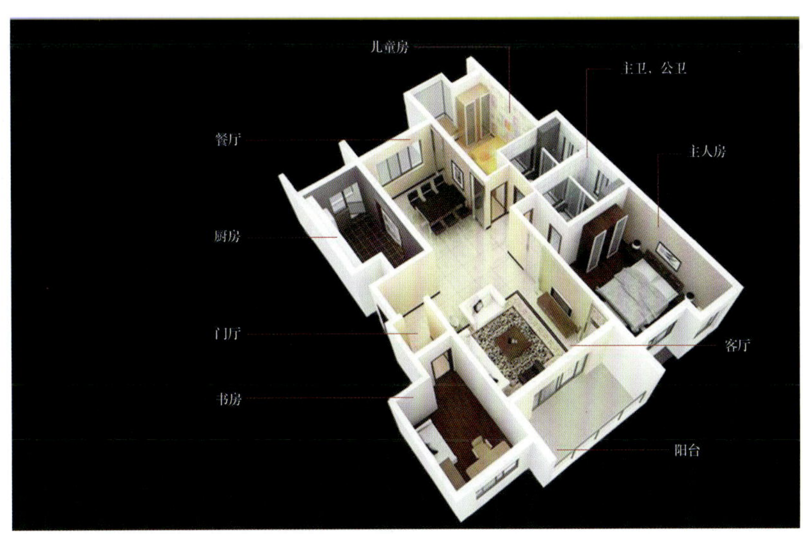

图 4-1 居住空间的组成

二、居住空间的功能组成

居住空间作为家庭成员日

常生活的重要场所，由客厅、卧室、餐厅等多个子空间构成，包含了会客、休息、读书等诸多功能，如图 4-2 所示。使用者在居住空间中停留的时间越长，其对生活空间环境的要求也越高。

居住空间的空间组成实质上是由家庭活动的性质决定的，范围广泛，内容复杂，但归纳起来大致可分为四种空间性质。

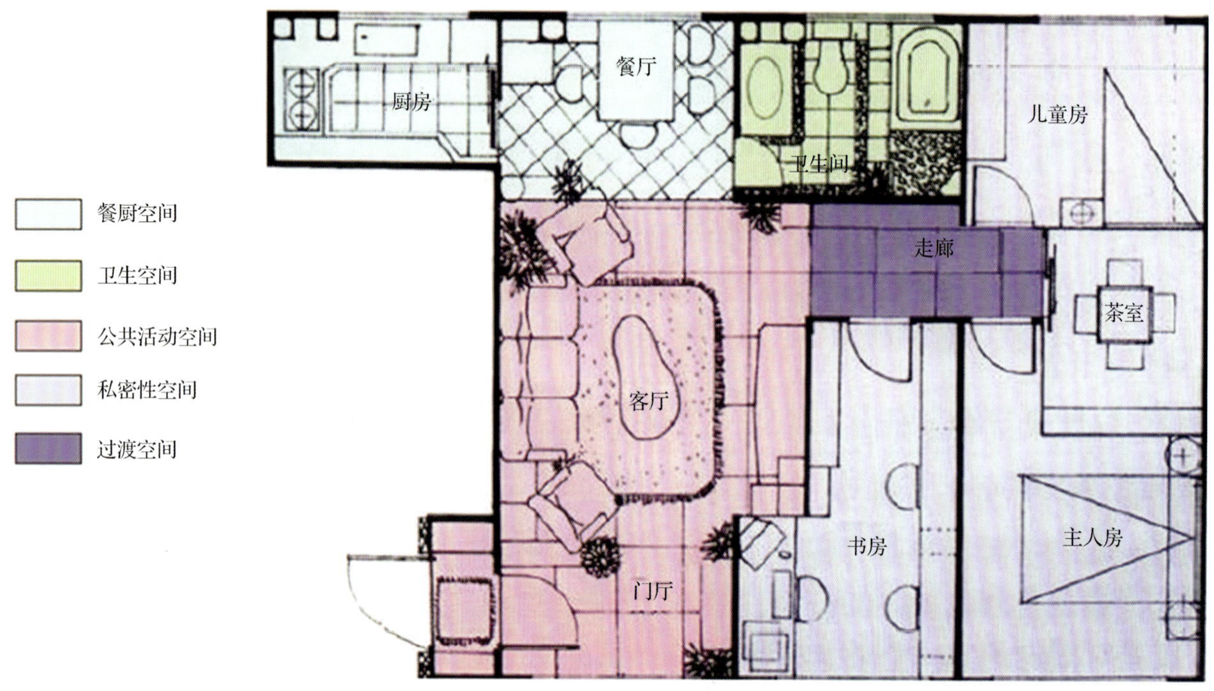

图 4-2　居住空间的空间分类

1. 公共活动空间

公共活动空间主要是全家团聚、文娱、休息、进餐、接待客人、对外进行社交的综合活动场所，是一个极富凝聚力的核心空间。根据家庭结构和活动特点的差异性，公共活动空间又常常划分出客厅、餐厅、游戏棋牌室、休闲区等不同功能的空间。公共活动空间应有较好的环境和景观。

2. 私密性空间

私密性空间是指专门为家庭成员进行私密性活动（如睡眠、休息、个人卫生、梳妆等）提供的空间，包括卧室、卫生间、浴室、衣物储藏室等私密性极强的空间，以及书房、工作间等有特定要求的静谧空间。此类空间的设置能充分满足家庭成员的个体需要和不同的心理需求，使他们与其他家庭成员之间能在亲密之外保持适度的距离，同时避免使用其他空间而造成的干扰。私密性空间不但要考虑多数人共同的生理特点和心理趋向，更要针对居住者的性别、年龄、性格和爱好及其他特别因素而设计，因此它更能体现空间使用者的个性。一个完备的私密性空间应具有安全性、休闲性和创造性，且应具有良好的日照和通风环境。

3. 家庭服务空间

家庭服务空间是指为家庭进行膳食准备、洗涤餐具和衣物、清洁环境、修理设备等家务活动而提供的空间，在设计时应重视其功能性。家庭服务空间的大小应能够满足设备尺寸和人的使用活动尺寸要求，空间的流线也应符合操作流程的要求，同时要尽可能使用现代科技产品，以有效提高工作效率和消除疲劳，使家务活动者真正享受到劳动的乐趣。

4. 辅助空间

辅助空间指门厅、走道、储藏室、阳台等。

由于人们使用空间的复杂性，所以这些空间并不能死板地定义。例如书房，可以紧闭房门使之成为一个私密空间；但当在书房里会客时，这里就成了公共空间。同时，某些空间可以进行多功能使用，如书房与储藏室、休闲区与棋牌室、洗衣房与外卫等。合理的空间布局是居住空间室内设计的基础。

三、居住空间的组合关系

居住空间室内设计的内容包括各功能区域之间的关系，各房室之间的组合关系，各平面功能所需家具及设施、交通流线、面积分配、平面与立面用材的关系，风格与造型特征的定位，色彩与照明的运用等。

住宅居住空间的合理利用在于不同功能区域合理分割、巧妙布局、疏密有致，以充分发挥居室的使用功能，如图 4-3 和图 4-4 所示。卧室、书房要求静，可设置在靠里边一些的位置，以避免被其他居住活动干扰；客厅是对外接待、交流的场所，可设置在靠近入口的位置；卧室、书房与客厅相连处又可设置过渡空间或共享空间，起间隔、调节作用；此外，厨房应紧靠餐厅，卧室与卫生间应贴近等。

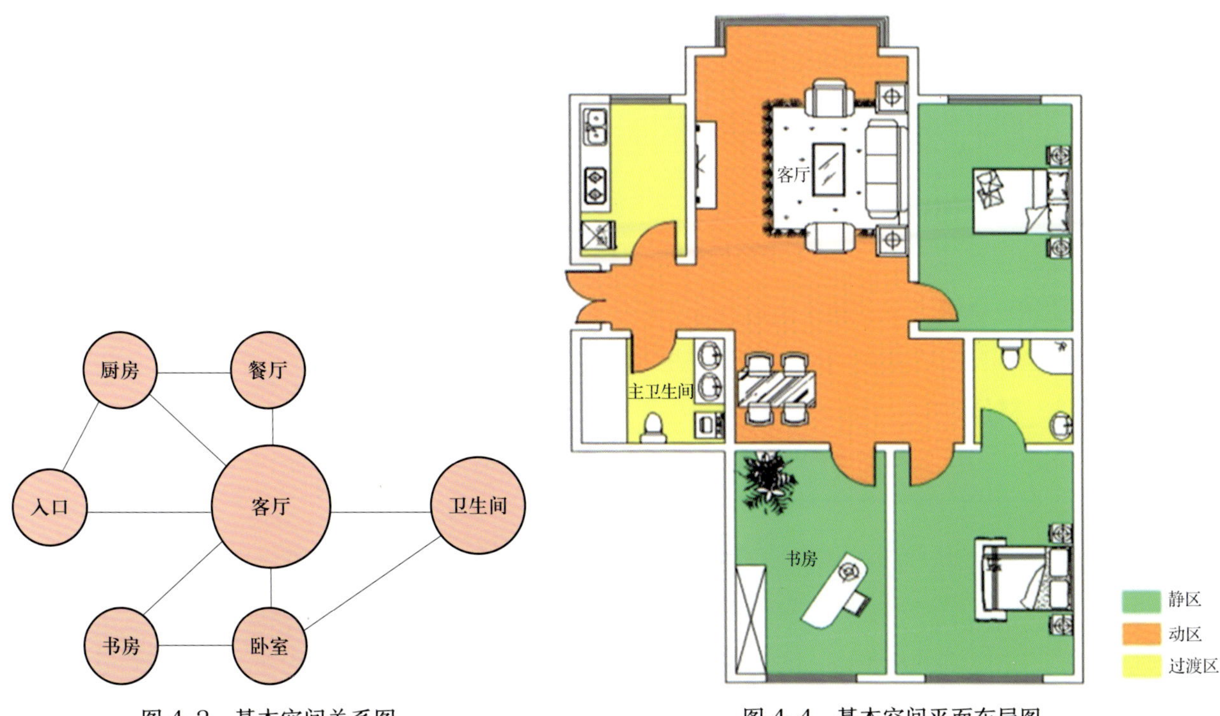

图 4-3 基本空间关系图

图 4-4 基本空间平面布局图

第二节 SECTION 2 居住空间室内设计要求与程序

一、居住空间室内设计的基本要求

居住空间室内设计的基本要求包括以下四个方面：

1. 使用功能布局合理

居住空间的结构划分已经确定，在进行界面处理、家具设置、装饰布置之前，除了厨房和卫生间的位置已经确定之外，其余房间的使用功能或一个房间内功能的划分都需要以使用方便、布局合理作为依据。

2. 风格造型整体构思

构思、立意是室内设计的灵魂。设计之前，要根据家庭的职业特点、艺术爱好、人口组成、经济条件和家中业余活动的主要内容做整体考虑。面积较大的公寓、别墅在风格造型的处理手法上变化的可能性更多一些，发挥的余地也更大一些。

3. 色彩、材质协调

居住空间室内设计要考虑室内地面、墙面、顶棚等各个界面的色彩和材质，确定家具和室内纺织品的色彩和材质。

色彩是室内环境中人们最敏感的视觉因素，因此根据主体构思确定住宅室内环境的主色调至关重要，之后再考虑不同色彩的配置和调配。

居住空间室内各界面及家具、陈设等材质应考虑人们近距离长时间观看的视觉感受和触感等。材质不应有尖角或过分粗糙，更不能有毒或释放有害气体。在家庭居室内，木材、棉、麻、藤、竹等天然材料再配置绿化易形成亲切自然的气氛，玻璃、金属和高分子类材料彰显时代气息。

4. 突出重点，利用空间

居住空间室内设计应从功能合理、使用方便、视觉愉悦、节省投资等方面综合考虑。在交通联系处可适当选用硬质材料；住宅的顶棚应平整简捷，一般涂料喷白即可；厨房和卫生间则应保证资金的投入，以提高生活质量。

二、居住空间室内设计程序

居住空间室内设计是一种以满足个别家庭需要为目标的理性创造行为。因此，设计时应充分把握家庭实质，从家庭因素和住宅综合条件分析，进行实际空间计划和形式创造。居住空间室内设计程序分为以下三个阶段：

1. 分析阶段

（1）家庭因素分析

1）家庭结构形态：新生期、发展期、老年期。

2）家庭综合背景：籍贯、受教育程度、信仰、职业。

3）家庭性格类型：共同性格、个别性格、偏好、特长、忌讳。

4）家庭生活方式：群体生活、社交生活、私生活、家务态度和习惯。

5）家庭经济条件：高、中、低收入型。

（2）住宅条件分析

1）建筑形态：独栋、集合式公寓、古老或现代建筑。

2）建筑环境条件：四周景观、近邻情况、私密性、宁静性。

3）自然要素：采光、通风、湿度、室温。

4）住宅空间条件：平面空间组织与立面空间条件，如各区域之间空间关系，空间面积，门窗、梁柱、天花板高度变化等。

5）住宅结构方式：建筑的材料与结构。

2. 设计阶段

设计阶段的工作重点是根据分析阶段所取得的资料，提出多种可行的设计构想，选出最优方案，或综合数种构想的优点重新拟定新方案。

平面空间设计以功能为先，立面形式设计以视觉表现为主。设计方案定稿后，绘制三视设计图，绘制透视图或制作模型，以加强构思表现，并兼作施工的参考。

3. 施工制作阶段

施工制作阶段的工作重点是：

（1）根据设计方案拟定具体制作说明，制作施工进度表。

（2）依据施工设计方案购置装潢建材，雇工或发包。

（3）居住空间室内施工的一般顺序为：空间重新布局（拆墙、砌墙、隔断、吊顶），管线布置（水管、电线、电话电视音响等布线），固定家具布局（厨房操作台、书房吊柜、吊顶等），泥水作业（铺贴地砖、面砖），木工作业（家具、门套、窗台等），铺设木地板，油漆作业（墙面涂料、家具门板等上漆），安装作业（灯具、五金、设备等），验收，美化作业（软装饰、家具、陈设、绿化等）。

（4）施工中需随时严格监督工程进度，检查材料规格、制作技法等是否正确。

（5）如发现问题需随时纠正，涉及设计错误和制作困难的应重新检查方案予以修正。

（6）完工后根据合同验收。

第三节 SECTION 3 主要功能空间室内设计

一、客厅（起居室）

客厅作为家的核心，是家庭格调中的主基调，影响着整个空间环境的气质、风格与品位。客厅设计时，除了要考虑其会客、休闲娱乐等实用功能之外，还要考虑居住者的社会背景、爱好、情趣等多方面因素，并要结合空间特点，如图 4-5 所示。

图 4-5 客厅设计

1. 客厅的布局形式

客厅的平面形状往往影响其使用的方便程度，客厅的尺寸要根据建筑的实际情况、家庭成员、来客数量和视听设备要求等进行综合考虑。通常矩形是最容易布置家具的平面形式，适当面积和比例的空间能提供多样的布局可能性。

（1）L 形布局（即有呈 L 形的实体墙面）

L 形布局是比较开敞的布局方式，沙发根据墙的转角进行布置，通过天花板的造型、地面的高差等限定客厅的空间范围。L 形布局是一种在有限空间中布置多个座位的较为方便的形式，它在保证空间具有流动性的同时对空间有所限定，如图 4-6 所示。

（2）相对式布局

相对式布局是指三人或双人沙发与单人沙发放置在茶几的两边，形成面对面交流的状态。相对式布局具有良好的会客氛围，这种布局适合较为宽敞的空间，如图 4-7 所示。

（3）U 形布局

U 形布局是目前最为常用的沙发布局形式，如图 4-8 所示，沙发或椅子布置在茶几的三边，开口向着电视背景墙、壁炉或最吸引人的装饰物。

❶ 图 4-6　L 形布局
❷ 图 4-7　相对式布局
❸ 图 4-8　U 形布局

（4）分散式布局

分散式布局是一种散漫的、随意性较大的布局方式，可根据居住者在客厅中的日常生活方式进行最舒适、最便捷的区域流线划分，如图 4-9 所示。这种布局十分符合喜好休闲和个性化生活的年轻人。

（5）一字形布局

一字形布局是指沙发以“一”字形的方式靠墙布置，这种布局所占面积较小，适合面积不大的客厅空间，如图 4-10 所示。

❶ 图 4-9 分散式布局
❷ 图 4-10 一字形布局

正方形客厅不易于家具的布置；而正多边形、圆形等形状因为本身具有强烈的向心性，因而在室内设计中和家具布置上容易形成中心感；不规则的平面形状（如局部是弧形的矩形平面）可能造就比较活跃的空间气氛。客厅应避免斜穿，可以的话应对原有的建筑布局进行适当的调整，或利用家具布局来巧妙地围合、分割空间，以保持空间的完整性。

2. 客厅的设计要点

由于生活质量的改善，人们对客厅的舒适性要求越来越高。客厅在空间处理上也趋向自由，同时，这里还成为展示个人风格的场所，从中体现居住者的品位及家庭气氛。客厅的设计要点包括以下几个方面：

（1）要满足居住功能的需要，应具有稳定的可供起居的活动区。

（2）客厅的家具布置不宜太多，以保证有足够的活动空间。对于较大的客厅，往往层高、开窗、装饰材料和空间尺度等都有独特的处理方式，使这里成为展示居住者个人风格的场所。目前的客厅中通常布置沙发、家庭影院设备、钢琴和工艺展示柜等能体现居住者个人爱好及家庭气氛的陈设品和装饰品。

（3）客厅要保持良好的室内环境，保证良好的采光、日照与空气流通。客厅不仅是交通枢纽，而且是自然通风的中枢。因而，在室内布置时不可因隔断、屏风的设置而影响空气的流通。

（4）防尘也是保持室内清洁的重要措施。因客厅直接联系入户门，具有门厅的功能，同时又直接通向卧室，还兼有过道的功能，因此在客厅与入户门之间要采取必要的防尘措施，做好门的密封，设置脚垫，增加过渡空间。

（5）室内地面、墙面、顶棚等界面的设计风格需要与总体构思一致，也就是在界面造型、线脚处理、用材用色等方面都需要与整体设计相符。客厅环境氛围的塑造、空间与界面的设计，是形成室内环境氛围的前提与基础。

二、餐厅

餐厅是家人日常进餐的主要场所，也是宴请亲友的活动空间，如图 4-11 所示。因其功能的重要性，每套住宅都应设置独立的进餐空间。然而，当空间条件不具备时，也可在客厅或厨房设置一个开放式或半独立的用餐区域。当餐厅处于一个闭合的空间之内时，其表现形式可自由发挥；如果是开放型布局，则应与它共处的区域保持风格的统一。餐厅的位置设置在厨房与客厅之间是最合理的。

图 4-11　餐厅

家庭餐厅宜营造亲切、淡雅的家庭用餐氛围，餐厅中除设置就餐桌椅外，还可设置餐具橱柜。

1. 餐厅的设置方式

餐厅常见的设置方式有独立式餐厅（见图 4-12）、厨房兼餐厅（见图 4-13）、客厅兼餐厅（见图 4-14）和门厅兼餐厅（见图 4-15）。

❶ 图 4-12　独立式餐厅
❷ 图 4-13　厨房兼餐厅
❸ 图 4-14　客厅兼餐厅
❹ 图 4-15　门厅兼餐厅

2. 餐厅的设计要点

（1）天花板

餐厅的天花板设计常采取对称形式，如图 4-16 所示，其几何中心所对应的位置正是餐桌，可以在吊顶的立体层面上丰富餐厅的空间。

图 4-16 餐厅吊顶

（2）照明

在照明方面，餐厅应当选用显色性好的吊灯作为主光源，这样容易使餐桌和吊顶联系构成视觉中心，也可突出菜品的色泽与质感，增加用餐者的食欲，同时还可以用低照度的辅助灯或灯槽在其周围烘托气氛。主光源以暖色白炽灯为佳，三基色荧光灯因其优越的显色性也是不错的选择。天花板的构图无论是对称的还是非对称的，其几何中心都应形成整个餐厅的中心，这样有利于空间的秩序化。天花板的形态与照明的形式决定了整个就餐环境的氛围。如图 4-17 所示，为了突出菜品，餐厅灯具通常会采用暖光源，并设定合适的高度和照度。

图 4-17 餐厅照明

（3）墙面

餐厅墙面的处理关系到空间的协调性，应运用科学技术和艺术手法来创造舒适美观、轻松活泼、赏心悦目的空间环境，以满足人们的就餐心理，如图 4-18 所示。餐厅墙面的色彩以明朗轻松的色调为主。据分析，橙色及其相近色可相对刺激食欲、促进情感交流、活跃就餐气氛。此外，灯具的色彩，餐巾、餐具的色彩，以及花卉的色彩变化都将对餐厅的整体色彩效果起到调节作用。

（4）家具

餐厅的家具配置应根据家庭日常进餐人数来确定，同时也应满足宴请亲友的需要。小型餐室（4 人桌）的面积应在 5 ~ 7 m^2，中型餐室（6 人桌或 8 人桌）的面积应在 10.4 ~ 14.9 m^2，大型餐室（10 人桌）的面积应在 14.9 ~ 16.0 m^2。在餐室面积不足的情况下，可采用折叠式餐桌以增强机动性。

餐厅的内部家具主要包括餐桌、餐椅和餐饮柜等，其摆放和布置必须要预留出人的活动流线和弹性空间。餐椅布置要考虑容身空间和前后位置，通常餐椅与后墙的最小距离为 500 mm。

（5）地面

餐厅的地面要求便于清洁，同时还需要有一定的防水和防油污特性，因此可选择大理石、釉面砖、复合地板及实木地板等，如图 4-19 所示，同时要考虑污渍不易附着于构造缝之内。地面的图案可与天花板相呼应，也可有更灵活的设计，但都需要考虑整体空间的协调统一。

图 4-18 餐厅墙面

图 4-19 餐厅地面

三、厨房

厨房在家庭生活中具有非常重要的作用，承担着一日三餐的洗切、烹饪、备餐及用餐后的洗涤与整理等任务。厨房设计的主要目的就是让人以轻松愉快的心情来完成做饭和收拾的工作，所以容易清洁打理和安全高效是首要考虑的问题。

1. 厨房常见的布置方式（见图 4-20）

（1）L 形

L 形工作台靠着墙双向展开，或是开放式的 L 形，短的一边可以当作小小的便餐台，如图 4-21 所示。

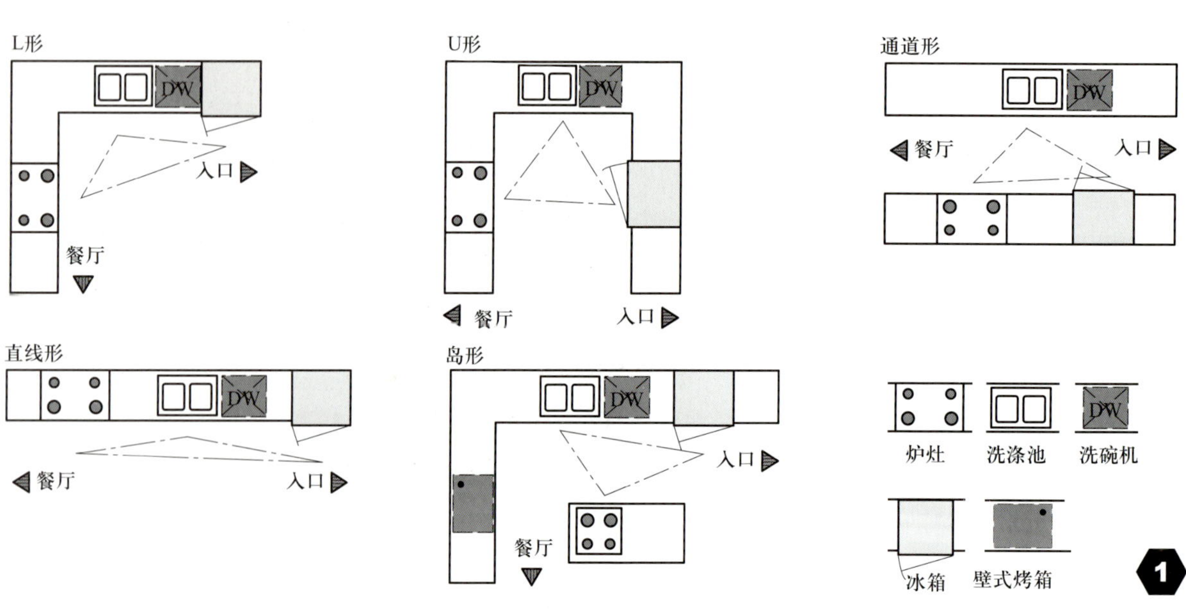

❶ 图 4-20　不同的厨房布置方式
❷ 图 4-21　L 形厨房的布置方式

（2）U形

U形工作台有两个转角，与L形的功用大致相同，适合餐桌的安排，但是需要较多的空间，尤其是封闭式的U形，如图4-22所示。

（3）通道形

通道形工作台安排在两边平行线上，两端开放，无法达到L形和U形的精简，如图4-23所示。

图4-22 U形厨房的布置方式

图4-23 通道形厨房的布置方式

（4）直线形

所有的直线形工作台都安置在一面墙上，如图 4-24 所示。通常在走廊不够宽、不能容纳平行式设备时采用这样的布置方式。

（5）半岛形

半岛形工作台与 U 形平面布局相似，但有三分之一不靠墙。半岛形工作台可将烹调中心布置在半岛上，是敞开式厨房的典型，如图 4-25 所示。

图 4-24　直线形厨房的布置方式

图 4-25　半岛形厨房的布置方式

（6）岛形

岛形工作台是指在厨房平面中间设置烹调中心，同时从所有边都能够使用它，也可在“岛”上布置一些其他设施，如备餐台等，如图 4-26 所示。

一般情况下，面积为 4 m^2 左右的厨房只具备单一的炊事功能，通常布置为直线形或 L 形；面积为 6 ~ 10 m^2 的厨房为中型厨房，其布局方式可采用 U 形或 L 形；对于面积更大的厨房空间，除具有烹饪、洗涤等家务活动功能外，还可以增加就餐、起居及休闲娱乐等功能，使厨房成为增进家人情感交流的亲情空间。

图 4-26 岛形厨房的布置方式

2. 厨房的设计要点

（1）设计厨房之前，应认真测量空间的大小，以便利用空间的每一个角落。工作三角区内要配置全部必要的器具及设备。现代厨房的主要设备有油烟机、燃气灶、电磁炉、烤箱等。为了配合主要烹饪，还需要增加其他辅助设备，如冰箱、洗碗机、热水机、咖啡机、垃圾处理机等。设计者必须了解这些设备的操作流程和物品尺寸，并予以合理布局，使这些设备组织为一个有机的整体而不至于杂乱无章。此外，要设计厨具、餐具等储存柜或架，目的是使厨房更加整洁与美观。

（2）设计一些设备预留位置，要考虑到可添、可改、可持续发展的问题。

（3）管线与设备要全部配套，每个工作中心应设有两个以上插座。

（4）将地上的橱柜与墙上的吊柜及其他设施组合起来，构成连贯的单元，避免中间有缝或出现凹凸不平，要方便清洁。

（5）工作三角区边长之和小于 6 m，以确保功能区域的有效联系和工作效率。

（6）操作台中及各吊柜里要有足够的空间，以便储藏各种设施。

（7）操作台高度设在 800 ~ 910 mm 之间，台面进深设在 500 ~ 600 mm 之间。吊柜顶面净高 1 900 mm，吊柜进深 300 ~ 350 mm。

（8）为备餐提供具有耐压强度的操作台面，材料应具备防水、抗油污及耐高温性能。

（9）各工作中心要设置无眩光的局部照明。

（10）炉灶与冰箱之间至少要间隔一个单元的距离。

（11）设置有相当功率的排风扇，配合油烟机工作，以确保良好的通风效果，避免室内产生油烟污染。

四、卫生间

卫生间是家庭中处理个人卫生的空间，它与卧室的位置应靠近，且同样具有较高的私密性。卫生间在现代家庭居室中占有重要的地位，是现代生活水平提高的一种表现，被赋予了更多的内容和意义。

1. 卫生间的平面布置（见图 4-27）

目前，我国住宅中的卫生空间设置有两种形式，即单卫生间和多卫生间。单卫生间是指整个住宅空间中只有一个卫生间，所有家庭成员共用，浴、厕、洗功能囊括其中。多卫生间包括了主、客卧室相连的主、客卫生间和供其他家庭成员使用的套内卫生间。

卫生间依据功能的不同可分为以下三种类型。

（1）兼用型

兼用型卫生间集浴缸、洗面盆和坐便器三种洁具于一室（见图 4-28）。其优点是节省空间、经济、管线布置简单；缺点是不适合多人同时使用，因面积有限而储藏空间较难处理，洗浴的潮湿还会影响洗衣机的寿命。

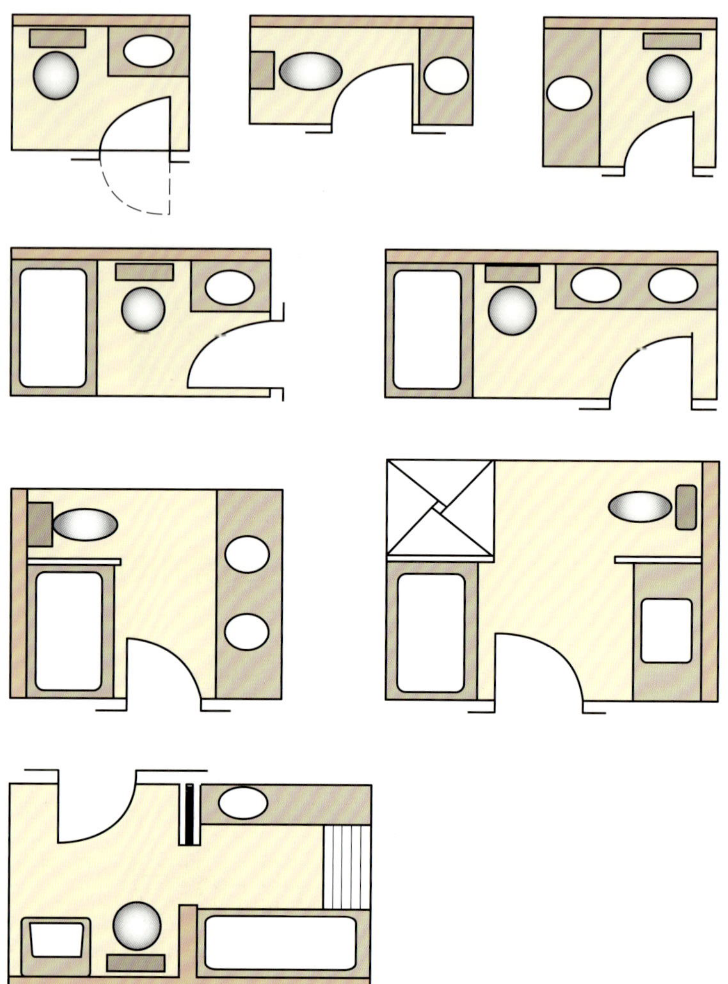

图 4-27　几种典型的卫生间布置形式

图 4-28　兼用型卫生间

（2）独立型

因现代美容化妆功能日益复杂化，洗脸化妆部分被从卫生间分离出来，形成独立型卫生间（见图4-29）。其优点是各室可以同时使用而互不干扰，使用方便；缺点是空间占用多，而且装饰成本高。

图 4-29　独立型卫生间

（3）折中型

折中型卫生间兼顾上述两种类型卫生间的优点，在同一卫生间内干身区和湿身区各自独立（见图4-30）。干身区包括洗面盆和坐便器；湿身区包括浴缸或者喷淋，中间用隔断或者浴帘分开。

图 4-30　折中型卫生间

2. 卫生间的设计要点

（1）卫生间在铺贴瓷砖前，墙面需要做防水处理。卫生间湿度较大，需要选用防水、不易发霉、不易污染、容易清洁的表面材料，同时还应考虑地面防滑问题。因此，卫生间墙地面材料用釉面砖或玻化砖更具有优势，如图4-31所示。

图 4-31　卫生间墙面和地面

（2）卫生间的空间面积较小，镜子要尽可能大一些并做防雾处理，这样可将心理空间扩大化。

（3）照明设计要求有若干光源形成无影灯，同时避免眩光，照度≥ 300 lx。

（4）卫生间整体色彩、风格的选择应与洁具的色彩配合，或对比或协调，还需与整个居住空间相统一。

（5）为了使用方便，最好进行干、湿分区。

（6）洁具设备、五金配件多为纯净的白色和金属色，可以通过艺术品、织物和绿化形成温暖惬意的环境氛围，使卫生间更具人性化。在注重人性化的同时，也要考虑卫生间化妆品、衣物等杂物的收纳问题。

五、卧室

卧室是人们在温情、恬静、和美的氛围中养精蓄锐的地方，也是一个私密性极强的休闲区域，同时兼有梳妆、学习和储存衣物的功能。因此在设计上，卧室的机能性要强于装饰性，个性化要重于通俗性，休闲性要重于庄重感，沉静比活泼更适合，浪漫比明快更讨巧。

卧室可分为主卧室、次卧室、儿童房、老人房及客房等。睡眠空间在住宅中属于私密性很强的空间，要确保安静和隐蔽性，因此通常安排在住宅的最里端，要与客厅、餐厅等公用区域保持一定的距离，以避免干扰；另一方面，在空间的细节处理上要注意睡眠功能对光线、声音、色彩及触觉的要求，如图 4-32 所示。

图 4-32 卧室空间的细节处理

1. 主卧室

主卧室布置设计的原则

是如何最大限度地提高舒适性和私密性，所以主卧室在布置和材质上要突出的特点是清爽、隔声、软、柔，如图 4-33 所示。

主卧室在设计时应注意以下几个方面：

（1）以床为中心的主墙面造型是装饰的重点。

（2）大面积的壁柜应尽可能简洁、实用。

（3）最好可以单独设立更衣室和卫生间。

（4）卧室材料和色彩应以温暖、和谐为主。

（5）卧室照明应创造柔和、温馨的气氛。

图 4-33 主卧室

2. 儿童房

儿童房的设计应视孩子的年龄、性别而定，学龄前和学龄期的孩子对功能的要求也不尽相同，因此要根据男孩、女孩的喜好和生活习惯的差异细心把握、量身定做，对卧室的气氛应予以不同的渲染和营造，如图 4-34 所示。

儿童房在设计时要注意以下几个方面：

（1）最重要的是安全性。门窗、电源插座、取暖设备及空调管道进出口的布置都应以此为原则。家具摆放要平稳牢固，尽量多用圆形或倒圆角的家具。不宜放置大面镜子、玻璃之类的易碎品等，以防止意外事故的发生。使用无污染的天然环保材料，地面要注意防滑和具有适当的弹性。

（2）留出适当的活动区域。因为孩子们生活在一个可触知的世界里，他们喜欢去抚摸、去抓取、去创造，并由此来体会周围世界的本质。

（3）在自己的私人领域中，孩子们的收藏品让他们感到自豪。因此，应设置一定的展示空间。

（4）采光通风应良好，在安排睡眠区时应赋予适度的色彩，如图 4-35 和图 4-36 所示。

图 4-34　儿童房氛围的营造

图 4-35　甜美的公主房

图 4-36　有活力的男孩房

（5）读写区域是青少年房间的中心。青少年房间的家具设置应有一定的可调节性，以适应不同成长阶段的需要。除了读写活动之外，可根据不同性别和兴趣突出表现他们的爱好和个性，如设置手工工作台、实验台及女孩的梳妆台等设施。

3. 老人房

设计老人房时，要切实考虑老年人的心理和生理特点，做出特殊的布置。材料色彩的选择要符合沉稳的风格，床面高度要适合坐起等，要尽量使动作幅度减小，如图 4-37 所示。

老人房在设计时应注意以下几个方面：

（1）由于老人好静，所以必须要做好隔声、吸声处理，避免外界的干扰，营造安静的环境。

（2）房间朝向以南向为佳，以保证充足的阳光；夜间要设置柔和的照明。

（3）家具的棱角应圆润细腻，避免生硬。过高的橱、柜，低于膝盖的大抽屉都不宜使用。确保房间地面平整，不设门槛，降低危险发生的概率。

（4）在色彩的处理上，应保持古朴、平和、沉着的基调，家具色彩宜为深棕色、驼色、棕黄色、米黄色等。

图 4-37　老人房

第四节 SECTION 4 次要功能空间室内设计

一、门厅（玄关）

门厅，又称过厅或玄关，它作为居住空间的起始部分，是外部与内部的过渡空间和连接点，也是整套住宅的屏障。门厅的主要功能是家人进出和迎送宾客。门厅面积一般为 2 ~ 4 m^2，它面积虽小，却关系到家庭生活的舒适度、品位和使用效率。这一空间内通常需设置鞋柜、挂衣架或衣橱、储物柜等，面积允许时也可放置一些陈设品、绿化景观等，如图 4-38 所示。

在形式处理上，门厅应以简洁生动、与住宅整体风格相协调为原则，可做重点装饰屏障，使门厅具备识别性强的独特面貌，体现住宅的个性。

1. 门厅的形式

门厅的形式要依据房型而定，可以是圆弧形的，也可以是直角形的，有的户型还可以设计成门厅走廊。门厅一般有两种形式，硬玄关和软玄关。

（1）硬玄关

硬玄关分为全隔断玄关和半隔断玄关两种，如图 4-39 所示。

全隔断玄关的设计是全幅的，由地至顶。这种玄关是为了阻拦视线而设的。

半隔断玄关是指在 x 轴或者 y 轴上采取一半或近乎一半的设计。

图 4-38 门厅

图 4-39 硬玄关

（2）软玄关

软玄关在材质等平面基础上进行区域处理，分为天花板划分、墙面划分、地面划分等，如图 4-40 所示。

图 4-40 软玄关

2. 门厅的设计要点

（1）大多数的门厅是面积接近最低限度的动作空间，可能只够脱鞋、换鞋所需的空间，此时要力求小中见大的空间序列感，还要避免空间过于局促而产生压抑感。在跃层住宅或别墅中，可采用两层相通的共享空间的做法，以加大纵向空间，从而减少压抑感。

（2）门厅的储藏功能常被忽视或处理不周，只有鞋柜是不够的，外出时所使用的物品都要在门厅中存放。这不仅是为了方便，更是为了卫生。因此，门厅要考虑雨伞、大衣、帽子、手套和运动用品等物品的存放。大衣类的存放空间需要考虑客人的余量。门厅的收藏空间必须在详细研究与物品的关系后，选择利用率高的存储方式。

（3）门厅的设计既要充分利用有限的空间使交通顺畅，又要满足功能性要求，同时还要充分体现整个室内的风格和特色。例如，在入口设置小景可增加空间的休闲气氛。

二、书房

书房的基本功能是阅读、书写、工作、研究和密谈，是文教、科研和艺术工作者必备的活动空间，它是最能体现居住者兴趣、爱好、品位和专长的场所。书房既是办公室的延伸，又是家居生活的一部分，虽然功能单一，但要求具备安静、优雅、私密的环境和良好的采光，使使用者在书房中能够保持轻松、宁静的心态，如图 4-41 所示。

图 4-41　书房

1. 书房的空间布局形式

（1）开放式（见图 4-42）

当住宅的整体空间面积较小时，书房多考虑采用开放式布局，使其成为家庭成员共同使用的休息和阅读中心。

（2）闭合式（见图 4-43）

如果住宅空间面积足够大，书房最好采用互不干扰、领域感较强的闭合式空间布局。

书房的空间布局形式还与使用者的职业有关，不同的工作方式和习惯决定了不同的布局方式。

图 4-42　开放式布局

图 4-43　闭合式布局

2. 书房内部空间功能区域划分

（1）工作区

工作区具有书写、阅读和创作等功能。该区域以书桌、班台或工作台为核心，以工作的顺利展开为设计依据。

（2）藏书区（储物区）

藏书区具有存放书刊、资料、用具和收藏等物品的功能。该区域是最能够体现书房性质的组成部分，以书橱、陈列柜架为代表。

（3）交流区

交流区具有接待会客、交流和商讨等功能。该区域因使用者的需要不同而有所区别，同时也会受到书房空间面积的影响。这一区域通常由客椅或沙发构成。

3. 书房的设计要点

（1）采光有讲究

书房的采光可以采用直接照明或半直接照明方式，光线最好从左肩上端照射，或在书桌前方放置高度较高又不刺眼的台灯。书房专用的台灯宜采用艺术台灯，如旋臂式台灯或调光艺术台灯，使光线直接照射在书桌上。

（2）色彩要柔和

书房的色彩设计要点是柔和、使人平静，最好以冷色调为主，如蓝、绿、灰紫等，尽量避免使用跳跃或对比的颜色，如图 4-44 所示。

（3）温度适宜

书房里有电脑和书籍，因此房间的温度最好控制在 0 ~ 30 ℃之间。

（4）电源插座位置合理

现代工作区域中通常都具备电脑、打印机等多种数码设备，因此应预留充足的电源插座位置，并尽量避免过多的导线造成的空间混乱。

图 4-44　书房色彩

（5）隔声

在装饰书房时，要选用隔声、吸声效果好的装饰材料。天棚可采用吸声石膏板吊顶，墙壁可采用 PVC 吸声板或软包装饰布等装饰，地面可采用吸声效果佳的地毯，窗帘要选择较厚的材料以阻隔窗外的噪声。

三、阳台

阳台是建筑物室内的延伸，是居住者呼吸新鲜空气、晾晒衣物、摆放盆栽的场所。随着居住面积的扩大和人们对生活品质要求的提高，阳台在使用功能和形式上也发生了很大的变化。这些形式多样的阳台不仅满足了住宅建筑立面设计美观的需要，也为住户提供了与自然接触的舒适空间，给人以全新的生活享受，如图 4-45 所示。

图 4-45 阳台空间

1. 阳台的类型

（1）生活阳台

生活阳台是指与客厅、主卧相邻，具有休闲功能性质的阳台。

（2）服务阳台

服务阳台是指与厨房或卫生间相连的阳台。

（3）观景阳台

在品位较高的住宅中，通常会设置 180° 观景阳台、落地窗观景阳台等。

2. 阳台的设计要点

（1）服务性功能的阳台应依据活动的类型、家庭生活习惯与居室的平面布局条件进行设计，并考虑相关设备使用所需要的电源、管线的布置及储存物品的尺寸等，避免杂乱无章，影响整个空间的视觉感官效果。

（2）阳台设计应考虑隔尘、保洁和安全等因素，地面尽量选用防腐木地板、花岗岩石材或地砖等防滑、防水、耐磨的材料。

（3）休闲功能性质的阳台可以根据居住者的兴趣、爱好进行布置，使其成为整体区域空间中难得的娴静空间和亮点。例如，利用植物本身的生态特征来调节室内的温湿度、净化空气、吸声降噪，配以休闲沙发或座椅，也可理水置石，听琴、品茗、观花、赏月，使其成为最具有情趣和品位的休憩空间，如图 4-46 所示。

图 4-46　休闲功能性质的阳台

四、储藏空间

随着日常生活的日积月累，家庭中的生活用品、衣物、娱乐文体用品和工具等物品会越来越多，因此储藏和收纳空间的设计必不可少。按照现行《住宅设计规范》的要求，房间中要有一定比例的储藏空间，如图 4-47 至图 4-49 所示。将多种多样的生活用品巧妙地存放、保管，可以使空间秩序化、整洁，也在很大程度上提高了居住的舒适感和家务劳动的效率。

图 4-47　衣帽间

图 4-48　专用储藏间

图 4-49　灵活运用小空间解决储藏问题

1. 储藏空间的类型

（1）衣橱或更衣室

衣橱或更衣室存放衣物、鞋帽、被褥等物品，设计时应根据家庭成员及物品类型分类，以挂杆、隔板、抽屉来分割内部的存储空间。存放的原则是：过季被褥、衣物或轻质的纺织类物品宜放置在较高或靠上的区域，伸臂可触及，存取比较方便；常用衣物可用挂衣架、裤架、领带架、网架等存放；内衣、袜子等用抽屉整理，此类物品舒适的存取高度是 1 200 ~ 1 650 mm；对于 1 200 mm 以下的空间适宜存储鞋、短衣或较重的箱式物品。

（2）书柜

书柜一般设置在书房，用于存放书籍或展示收藏品，设计时应注意单项隔板的承重及书籍、藏品的尺寸。如果采用木质隔板，则隔板跨度不宜大于 600 mm。书会随着时间积累越来越多，因此设计时如果空间允许，书柜应尽量大些。

（3）工具柜

工具柜用于储存家居生活的各类工具。建议将工具细致分类后存放，小工具最好以抽屉的形式进行存放。每一件东西都要有自己的位置，合理地摆放可以使空间变得整洁并可提高效率。

（4）食品柜

食品柜一般设置在餐厅或厨房，用于存储米、面和水果等食品。

（5）餐柜、酒柜

餐柜、酒柜常作为餐具、酒具、茶具等用品的存储和展示空间。

2. 储藏空间的设计要点

（1）生活用品按类型、季节和使用频率分别存放，使用起来才方便。

（2）存放时要考虑日常用品的特性与人体工程学，才能提高使用效率。

（3）充分利用空间的死角、楼梯间及空间中不影响整体视觉效果的闲置部分。

（4）存储空间的设计要以存放整齐、方便存取为原则。

（5）设计时应充分考虑物品存放时所必须的环境要求，如保持空气干燥、防止霉变，保持空气流通，保证空间的洁净，以及防尘等。

思考与练习

1. 居住空间中不同功能空间的室内装饰设计应遵循哪些设计原则?

2. 试述居住空间中不同功能空间的主要设计要点。

3. 居住空间中不同功能空间常用的设计尺寸有哪些?

技能训练五　居住空间划分案例分析

训练目的

学会居住空间划分和利用的手段和方法，进行空间划分案例分析，能够完成合理的空间划分与利用的方案设计。

训练场所与组织

在多媒体教室，学生按适当人数分组，在教师的统一指导下，每个组对给定的居住空间划分与利用案例进行分析，指出案例中对空间划分与利用的优点和存在的不足，并给出改进意见。

训练设备与材料

多媒体教学展示设备，针对居住空间划分与利用的案例 10 个以上（每个案例可包括平面图、立面图、顶棚图和 3D 效果图）。

训练内容

教师提前 3 天以上将案例（不少于 6 例）发到每组学生手里，各组学生在课外自行组织本组成员对所给方案进行分析、讨论，得出统一意见并形成文稿。考核时先由教师示范讲评，然后学生以组为单位通过多媒体展示的方式对给定方案进行讲评，教师同时做好组织和考核工作。

训练成果

提交门厅、客厅、卧室、餐厅、厨房、卫生间空间划分平面图各 1 例，共计 6 例平面图。

训练考核标准

教师根据学生对居住空间划分与利用案例的理解、分析和改进意见的合理程度进行评定。

第五章

办公空间室内设计

学习目标

◆了解办公空间的类型。

◆了解办公空间的发展趋势。

◆掌握办公空间室内设计的基本原理。

◆掌握办公室和会议室的室内设计方法。

本章思维导图

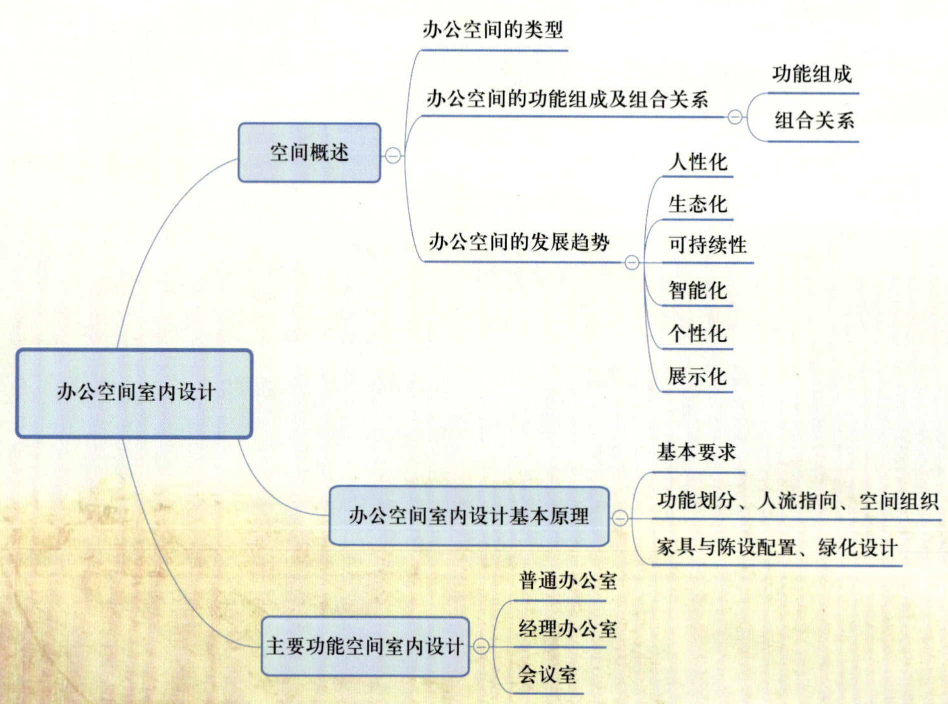
办公空间室内设计
空间概述
办公空间的类型
办公空间的功能组成及组合关系
功能组成
组合关系
办公空间的发展趋势
人性化
生态化
可持续性
智能化
个性化
展示化
办公空间室内设计基本原理
基本要求
功能划分、人流指向、空间组织
家具与陈设配置、绿化设计
主要功能空间室内设计
普通办公室
经理办公室
会议室

工作是人类社会生活的重要组成部分。人的一生有很长一段时间需要工作，以满足自身的生活需求和精神需求。而承载工作的基本空间形式就是办公空间，因此办公空间的室内设计是室内设计从业人员必然会涉及的内容。

第一节 SECTION 1 办公空间概述

办公室作为工作的主要场所，在当代社会中具有越来越重要的地位。办公空间室内设计的发展顺应人类社会工业化的进程及建筑技术和建筑装饰风格发展的脚步。

一、办公空间的类型

随着城市经济的发展，办公设施日新月异，办公模式种类繁多，办公空间的类型也有很多。

1. 按照使用性质分类

（1）行政管理办公空间

行政管理办公空间主要指党政机关单位、人民团体、事业单位、工矿企业的办公楼，特点是部门多、分工具体，单位形象特点是严肃、认真、稳重。

行政管理办公空间设计风格多以朴实、大方和实用为主。办公室大多为单间封闭型，开放式办公室较少，只有诸如税务、市场监管等专业机关的窗口部门，为便民而采用开放式办公室的布置方式。行政管理办公机构的室内设计注重庄重性，避免商业化。如图 5-1 所示的会议室，灯光明亮，以原木为统一的材质，温暖而不失庄重。

（2）专业办公空间

专业办公空间是指专业性质突出的办公空间，如企业办公机构和设计办公机构。企业办公机构的办公空间商业化气氛较浓，室内设计中往往带有强烈的宣传意义，主要向人们传达企业精神、企业文化和企业特点等。设计办公机构的室内设计应充分反映现代化和高科技的特点，除专业设备外，家具可采用后现代主义风格的款式，家具材料尽量采用金属、玻璃、塑料等，还可以摆放不锈钢制作的雕塑品及其他艺术品，以及悬挂抽象派的作品等。这类单位的室内设计往往直接表现自己的专业性质，有极强的个性。如图5-2所示的会议室，用条状天花板装饰会议室，使墙面与地面形成一体，产生延伸的效果。

图 5-1　行政管理办公空间的会议室

图 5-2　专业办公空间的会议室

（3）综合性办公空间

综合性办公空间是指综合性较强的办公空间，如邮政、通信、金融、保险等办公机构。这类办公空间的设计重点在营业大厅。如图5-3所示，大厅的显著特点是开放式办公，直接面对公众，因此在布置上应充分体现以人为本、服务至上的精神。通常营业厅以服务柜台为界面，将空间一分为二，传统的柜台高度以人站立时方便填单等活动为标准，而现代服务柜台高度大多以人坐着便能进行内外对话为标准。在大厅内应摆设舒适的沙发和茶几，供顾客等待、休息之用；应布置各种多媒体查询机、电子信

图 5-3　综合性办公空间的大厅设计

息设施等以便服务顾客；还应设置饮水机，解决顾客临时饮水之需。大厅内应尽量增加绿化面积，多摆放盆栽植物，以改善公共场所的环境。

（4）出租型办公室及会议室

为满足自由职业及新型职业的需要，分时段出租办公室、会议室应运而生。该种空间形态及运营模式更适合创业企业对办公空间的需求，因此在办公空间的设计上更为休闲化、个性化，导视系统设计突出、辨识性强（见图 5-4 至图 5-6）。

❶ 图 5-4　出租型会议室（一）
❷ 图 5-5　出租型会议室（二）
❸ 图 5-6　出租型会议室（三）

2. 按照空间的布局形式分类

（1）单间式办公空间

单间式办公空间以部门或工作性质为单位，分别将不同部门或不同工作性质的人员安排在不同大小和形状的房间之中。政府机构的办公空间多为单间式布局。单间式办公空间的优点是各个空间独立，相互干扰较小，灯光、空调等系统可独立控制，在某些情况下（如人员出差、作息时间差异等）可节约能源，如图 5-7 所示。单间式办公空间还可以根据需要使用不同的间隔材料，分为全封闭式和半透明式或透明式两种空间形式。全封闭式的单间式办公空间具有较高的私密性；透明式的单间式办公空间除采光较好外，还便于领导和各部门之间相互监督及协作，透明式的间隔可通过加窗帘等方式改为封闭式。单间式办公空间的缺点是：在工作人员较多和分隔较多的时候会占用较大的空间，且需要现场施工，不易拆卸和搬运。

（2）单元型办公空间

单元型办公空间设置在办公楼中，除晒图、文印、资料展示等服务用房为大家共同使用之外，其他的空间具有相对独立的办公功能，如图 5-8 所示。单元型办公空间是在大空间分出独立的单元型办公室，通常其内部空间可以分隔为会客、办公（包括高级管理人员的办公）等空间。根据功能需要和建筑设施的情况，单元型办公空间中还可设置会议室、卫生间等。

❶ 图 5-7　单间式办公空间
❷ 图 5-8　单元型办公空间

（3）公寓型办公空间

以公寓型办公空间为主体组合的办公楼，也称为公寓楼。公寓型办公空间的主要特点是，除了可以办公外，还具有类似住宅的盥洗、用餐、就寝等功能。公寓型办公空间提供白天办公和用餐、晚上住宿就寝的双重功能，给需要为办公人员提供居住条件的单位或企业带来了方便。如图 5-9 所示，虽然是办公空间，但色调更加温馨，家具更具休闲感，这里不仅适宜工作和休息，还有家的感觉。公寓型办公空间更加突出个性特点，空间布置更灵活。

（4）开敞式办公空间

开敞式办公空间是将若干个部门置于一个大空间中，而每个工作台通常用矮挡板分隔，这样既便于大家联系又可以相互监督，如图 5-10 所示。这种办公空间由于工作台集中，省去了不少隔墙和通道的位置，节省了空间，同时办公室装饰中照明、空调、信息线路等设施容易安装，费用相应有所降低。开敞式办公空间常选用组合式家具，这类家具安装和拆搬都较方便，由于是工厂大批量生产，价格也相对便宜。开敞式办公空间的缺点是，部门之间干扰大，风格变化小，且只有部门人员同时办公时空调和照明才能充分发挥作用，否则浪费较大。因而，这种形式多用于银行和证券交易所等许多人在一起工作的大型办公空间的布局。在开敞式办公空间中，常采用不透明或半透明轻质隔断材料隔出高层领导的办公室、接待室、会议室等，使其在保证一定私密性的同时又与大空间保持联系。

❶ 图 5-9　公寓型办公空间
❷ 图 5-10　开敞式办公空间

（5）景观办公空间

现代的办公空间设计更注重人性化，倡导环保。自1960年德国一家出版公司创建了“景观办公空间”以来，这种办公空间设计形式一直非常受推崇。

景观办公空间的特点是：在空间布局上创造出一种非理性的、自然而然的、具有宽容和自在心态的空间形式，即“人性化”的空间环境。这种办公空间通常采用不规律的桌子摆放方式，室内色彩以和谐、淡雅为主，并用盆栽植物、高度较矮的屏风或立柜等进行空间分隔，如图5-11所示。生态意识应贯穿景观办公空间设计的始终。无论是办公空间外观设计、内部空间设计还是整体设计，都应注重人与自然的完美结合，力求在办公区域内营造类似户外的生态环境，使办公者享受到充足的阳光，呼吸到新鲜的空气，观赏到迷人的景色。在自然、环保的空间中办公，人自然而然就会以愉悦的心情、旺盛的精力投入工作中。

（6）改造型办公空间

随着城市化的发展，许多老旧的建筑在发展中需要转型和修缮才能重新投入使用，这在建筑设计中形成了新的课题，如工业遗址的改造、老住宅的改造、仓储建筑的改造等。这些也为办公空间提供了新的思路，许多改造型办公空间逐渐出现在人们的视野中，如图5-12所示。

❶ 图5-11 景观办公空间
❷ 图5-12 改造型办公空间

3. 其他类型

办公空间种类繁多，除上述两种分类方式外，还有许多其他的分类方式。例如，办公空间按产业模式分类，可分为生产制造型和服务型办公空间；按办公模式分类，可分为阶梯式办公模式、环形办公模式和综合式办公模式办公空间；按空间开放程度分类，可分为封闭型、半封闭型和敞开型办公空间。这些分类形式和侧重点虽然有所不同，但与上文详述内容均有重合，故不展开讨论。

二、办公空间的功能组成及组合关系

1. 办公空间的功能组成

办公空间的功能分为办公功能、接待功能、配套服务功能、交通功能等，对应的空间形式分别是主要办公空间、公共接待空间、配套服务空间、交通联系空间等。

（1）主要办公空间

主要办公空间是办公空间设计的核心内容。主要办公空间一般有小型办公空间、中型办公空间和大型办公空间三种。

1）小型办公空间：私密性和独立性较好，一般面积在 40 m^2 以内，适应专业管理型的办公需求。

2）中型办公空间：对外联系较方便，内部联系相对紧密，一般面积在 40 ~ 150 m^2，适应组团型的办公方式。

3）大型办公空间：内部空间既有一定的独立性又有较密切的联系，各部分的分区相对灵活自由，适应各个组团共同作业的办公方式。

（2）公共接待空间

公共接待空间主要指用于办公楼内聚会、展示、接待、会议等活动的空间。公共接待空间一般有小、中、大接待室，小、中、大会客室，小、中、大会议室，各类大小不同的展示厅、资料阅览室、多功能厅和报告厅等。

（3）配套服务空间

配套服务空间主要指为办公空间提供信息、资料的收集、整理、存放的空间，以及为员工提供生活、卫生服务和后勤管理的空间。配套服务空间通常有资料室、档案室、文印室、计算机机房、晒图房、员工餐厅、开水间，以及卫生间和设备用房等。

（4）交通联系空间

交通联系空间主要指用于楼内交通联系的空间，一般有水平交通联系空间和垂直交通联系空间两种。水平交通联系空间主要指门厅、大堂、走廊、电梯厅等空间，垂直交通联系空间主要指电梯、楼梯、自动扶梯等空间。

2. 办公空间的组合关系

办公空间在组合功能时应突出主体地位，围绕主体展开设计，通过协调不同性质、类型的办公空间的功能关系，使各使用空间建立密切的有机联系，最后依赖交通联系空间把各种空间有效地组织起来。交通联系空间的形式、大小和位置应服从建筑空间处理和功能关系的需要。以政府机关办公楼为例，行政办公室、会议室是主要办公空间，卫生间、仓库、储藏室等是配套服务空间，门卫室、咨询室是公共接待空间，而走廊、门厅、楼梯等则是交通联系空间。几种空间以不同的方式组合，就形成了不同的设计方案。

三、办公空间的发展趋势

不断变化的社会需求是办公空间设计创作与发展的原动力，绿色低碳、人文、艺术等关键词推动着办公空间的发展。下面简单列举办公空间发展的几个趋势。

1. 人性化

现代办公空间重视人与人际活动在办公空间的舒适感及和谐氛围，注重以人为本。如图 5-13 所示会议室采用原木纹理墙面和地毯营造人性化的温暖感，弱化了会议室的硬冷氛围。如图 5-14 所示会议室采用木墙和形态各异的弧形造型作为门洞装饰，增添了空间的趣味性，打破了人们对办公环境呆板形象的固有认知。

❶ 图 5-13　人性化会议室（一）
❷ 图 5-14　人性化会议室（二）

2. 生态化

室内绿化、布局上柔化室内环境的处理手法有利于调整办公人员的工作情绪，充分调动办公人员的积极性，从而提高工作效率。如图 5-15 所示，在过道空间摆放大型绿植，增加空间的引导性，舒缓紧张的办公情绪，同时也能对缓解视觉疲劳起到一定的作用。如图 5-16 所示，运用立体绿化和盆栽植物结合营造了休闲的接待区，让人仿佛身处自然之中。

图 5-15　生态化工作区

图 5-16　生态化接待区

3. 可持续性

进行室内空间组织设计时，应密切关注功能、设施的动态发展和更新。适当灵活可变的“模糊型”办公空间划分具有较好的适应性，其办公区域由地毯围合限定，可以根据使用功能随时调整，空间组织形式灵活多变，如图 5-17 所示。

4. 智能化

现代办公空间的发展越来越智能化和便捷化，办公空间内设施、信息、管理等方面应充分运用智能型的高科技手段。如图 5-18 所示的办公空间内配备智能设备，可节省运营成本，实现多地联合办公，空间充满科技感。

5. 个性化

随着“非传统”办公模式的普及，适应“非传统”办公模式的办公空间也越来越引起社会的重视，如家庭式办公空间、酒店式办公空间、客座式办公空间等。

图 5-17　“模糊型”办公空间

图 5-18　智能化办公空间

6. 展示化

展示是人类交流信息的一种综合性方式，有视觉传达的特点。随着现今办公空间的发展，办公室也成为对内交流、对外输出企业文化的空间形式，具有展示化的特征（见图 5-19）。

图 5-19　展示化办公空间

第二节 SECTION 2 办公空间室内设计基本原理

一、办公空间室内设计的基本要求

除需满足功能和使用要求外，办公空间室内设计还应满足以下几点基本要求。

1. 满足现代人工作时的精神需求

办公空间是脑力劳动的场所，因此应重视个人环境兼顾集体空间，借以活跃人们的思维，努力提高办公效率。同时，办公空间也体现一个单位的整体形象，一个完整、统一而美观的办公空间能增加公信力，也能给工作人员带来对企业文化的认同感。

2. 满足现代社会发展的需求

现代社会发展日新月异，新型办公模式的出现（如SOHO办公、酒店式办公）要求办公空间的室内设计手法紧跟时代，并适合新工作模式的开展。

3. 结合地域特色

一味追求统一的标准并不完全符合经济发展的规律，结合地域特色，使用当地的材料，保留本土传统的工艺，也是办公空间室内设计的一种思路。这不仅能体现个性，还是一种很好的保护与传承传统文化的方式。

二、办公空间功能划分与人流指向、空间组织

1. 办公空间功能划分

按功能细分，办公空间可划分为门厅、接待室、工作室、管理人员办公室、领导办公室、会议室、设备与资料室、员工休息室、通道等。

（1）门厅

门厅是过渡空间，也是机关和企业的形象空间。门厅的功能性极强，是由室外到室内、由普通空间到办公空间的重要衔接点。门厅的设计风格能体现办公空间整体风格的定位。门厅设计时应注重设计视觉焦点，如背景墙、灯具或者公共家具都能提升空间适用性和整体品位，如图 5-20 所示。门厅面积要适度，在门厅范围内可根据需要在合适的位置设置接待秘书台和等待的休息区，还可安排一些园林绿化小品、设置装饰品陈列区。

图 5-20　门厅

（2）接待室

接待室是展示产品和宣传单位形象的场所。接待室的设计风格应侧重体现单位特色，面积不宜过大，家具可使用沙发、茶几组合。近年来，接待室的功能也变得多元复合，它不仅是企业对外的窗口和名片，也是传播企业文化的重要空间，有些还承载着休闲空间的功能，如图 5-21 和图 5-22 所示。

（3）工作室

工作室即员工办公室，工作室要根据工作需要和部门人数，并参考建筑结构而设定位置和面积。工作室是办公空间的主体，有数量大、模块化的特点，如图 5-23 所示。工作室设计时应注意与整体风格的协调统一，位置要居中。

（4）管理人员办公室

管理人员办公室通常为部门主管而设，一般靠近所管辖的部门

❶ 图 5-21　传统接待室
❷ 图 5-22　具有个性的接待室
❸ 图 5-23　工作室

员工，可安排为独立或半独立空间。管理人员办公室的陈设一般有办公台、椅、文件柜等，还设有接待谈话的座椅，并可增设茶几等设施，如图 5-24 和图 5-25 所示。

❶ 图 5-24 管理人员办公室（一）
❷ 图 5-25 管理人员办公室（二）

（5）领导办公室

领导办公室通常分为高级领导办公室和副职领导办公室，两者在功能设计上有所区别。这类办公室的平面布置应选在方便工作和通风、采光条件良好的位置。领导办公室可考虑在办公椅后设置装饰柜或书柜，以增加文化氛围，如图 5-26 和图 5-27 所示。办公台前通常有接待洽谈椅，地方较大的还可以增设带沙发、茶几的谈话区和休息区。

（6）会议室

会议室是工作人员与外界人士洽谈和员工开会的场所。如果使用人数在 20 ~ 30 人，可采用圆形或椭圆形的大会议台形式；如果容纳人数更多，应考虑设置独立的两人桌。大会议室应设主席台，有些还要具备多功能厅的功能，如图 5-28 所示。

❶ 图 5-26　领导办公室（一）
❷ 图 5-27　领导办公室（二）
❸ 图 5-28　会议室

（7）设备与资料室

设备与资料室的面积和位置除了要考虑使用方便以外，还要考虑安全和保养、维护的要求。

（8）员工休息室

随着人性化工作理念的提升，为员工创造良好的办公休息条件、提高工作效率等越来越符合现代人的心理需求。企业和商业性办公空间越来越注重员工休息室、娱乐室等的设计。如图 5-29 所示，在员工休息室摆放台球桌，并与整个区域的色调保持统一，这样既保证功能要求又在视觉上不突兀。如图 5-30 所示，现今越来越多的员工休息室更加生活化和休闲化，让员工有家的感觉，从而更好地投入工作。

图 5-29 员工休息室（一）

图 5-30 员工休息室（二）

2. 人流指向

人流指向可分为内部流线和外部流线，内部流线又可分为普通员工日常工作流线、领导日常工作流线和辅助人员工作流线。

（1）普通员工日常工作流线

普通员工日常工作流线是整个人流指向的主体，应遵循简洁、少交叉的原则，可以用一条主线串联基本的工作单元。

（2）领导日常工作流线

领导日常工作流线应保证

在靠近流线起点的区域，既要有私密性，又要保证与普通员工日常工作流线有一定的重合。

（3）辅助人员工作流线

在日常办公中，辅助人员也是必不可少的。辅助人员的工作流线更为复杂，经常与普通员工日常工作流线相互交叉，因此要根据不同工作性质的特点进行流线设计，如传达室和保安室应与主体空间建立一定的联系。

3. 空间组织

与办公空间组织相关的因素可以通过图 5-31 体现。办公空间的组织要考虑各个因素及综合的协调性，办公空间的组织需要完成两大功能，即使用功能和艺术功能。

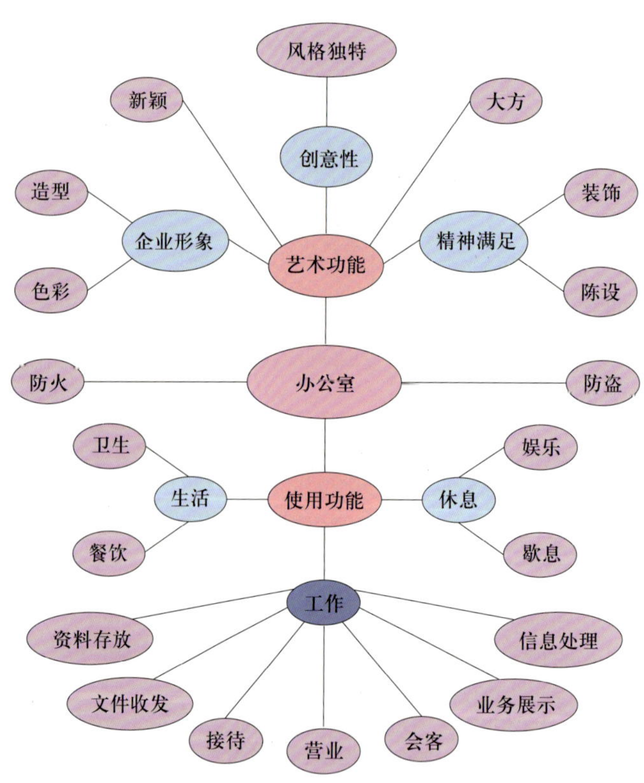

图 5-31 办公室空间组织因素

三、办公空间家具与陈设配置、绿化设计

1. 办公空间家具与陈设配置

现代办公家具是现代企业实际运行需要的必要设施。办公家具的规格与样式可以直接反映企业文化、精神、品位、规模和经济实力，因此选择现代办公家具时既要考虑实用性又要考虑艺术性。

（1）将企业品位和时尚潮流结合

每个企业都有自己的产业特点。办公家具应与现代时尚潮流相结合，选择符合自身企业文化和特点的家具，创造独具特色的办公条件。

（2）室内布置要科学合理

空间狭小、造型烦琐、色彩繁杂的家具会使人的生理、心理失去平衡，产生压迫感、压抑感和烦闷感，从而影响人体健康，进而影响企业形象。室内布置时要按行业、功能的不同，选择符合实际需要的设计和布置方案。

（3）与地面材料协调

若地面为瓷砖或大理石材料，选择钢木家具会显得过于冷漠、缺少人情味，此时建议选用木质家具，并在局部铺设地毯。

（4）与室内设计和装饰协调

家具的造型、色彩、功能、五金等风格应连贯，并与整体空间一致。

（5）家具的尺寸与功能

宽阔的办公空间宜选择大尺寸家具，而小空间则应避免选择大尺寸家具，以免造成空间拥挤。办公家具的常用尺寸见表 5-1。

表 5-1 办公家具的常用尺寸

名称	常用尺寸 /cm	基本形象	类型
办公台	长：1 200 ~ 1 600 宽：500 ~ 650 高：700 ~ 800		大班台、中班台、职员台、会议台、电脑台、演讲台、洽谈台、主管台、其他
办公椅			大班椅、中班椅、会议椅、职员椅、培训椅

续表

名称	常用尺寸 /cm	基本形象	类型
文件柜	高：1 800 宽：900 ~ 1 180 深：400 ~ 420		
办公沙发	单人位：长 650，高 880，深 830 三人位：长 2 080，高 880，深 830		单人位、双人位、三人位
办公屏风隔断	高：1 200 或 1 600 ~ 1 800		员工组合屏风、高隔断屏风

（6）选取办公家具时应考虑的因素

屏风需考虑颜色、型号、规格、款式、材料（如半玻璃、全布、钢板、三氰防火板、三聚氰胺耐火板）等。玻璃需考虑颜色、磨砂与否、条玻的间隔尺寸、层数（单层、双层）、起玻高度、插座孔（打孔位置）。桌、台、柜等办公家具主要考虑颜色、规格、是否有侧桌、活动柜、封边形状（如直封边、鸭嘴封边、倒鸭嘴封边、三角封边）、封边颜色（如同色边、异色边）、材质（如三氰防火板、三聚氰胺耐火板、油漆、贴木皮、纸）、拉手款式、材料、位置和尺寸等。另外，办公椅要考虑颜色、规格（如高背、低背）、面料（如牛皮、毛麻、麻绒、网布）、脚的材质（如木、钢）、款式（如弓形、四腿、五星脚）、机械功能（如气动升降、倾躺、摇摆、锁定）、扶手（如皮、木、钢）、尺寸等。这些都会影响使用者的小环境和办公空间的整体风格。

2. 办公空间绿化设计

办公空间绿化有其自身规律，在设计时应遵循以下原则：

（1）色调一致

办公空间的环境色彩与植物绿化的色调要协调，做到不突兀。

（2）绿化在室内合理分配

绿化起装饰映衬的作用，坚持以体现办公空间的大环境氛围为主，不能喧宾夺主，影响办公空间的正常秩序。植物的范围尺度要与空间本身相统一，考虑到植物本身的生长，因此应预留足够的空间。

（3）绿化与空间结构平衡

在办公空间设计时应该注意绿化范围与结构的相对平衡，以免造成一边倒或头重脚轻。

（4）绿化主题明确

办公空间的绿化需要有一个重点。绿化可以以观赏植物的姿态为主，也可以以舒缓员工的情绪为主，不同的侧重点会形成不同的绿化风格。

（5）符合艺术美学

办公空间的绿化设计风格要与室内整体的设计元素、空间环境和工作氛围相协调，从艺术美学的角度来规划绿化的面积、形态等，才能使整个环境和谐。

（6）绿化构图方法多样

办公空间绿化应采用丰富多样的物种，在设计时运用相应的构图方法加以组织。绿化构图方法分为绿化规则构图法和绿化自由构图法。绿化规则构图法是指绿色植物按一定规则的形状和图案分布，适用于展厅、会议室等空间。绿化自由构图法是指绿色植物按照空间结构成组地分布在不同的位置，让空间更加自然，使人有身处室外自然环境的感觉。

四、办公空间材料的选择、色彩与照明设计

1. 办公空间材料的选择

在实际的设计项目中，办公空间的装饰材料种类繁多。但并不是说在一个设计中材料使用越丰富，室内设计方案就越出众。不同的材料搭配不得当，在同一空间同时出现，反而会给人以混乱的感觉。因此，在材料的选用上要综合考虑多种因素，根据实际要求选用合适的材料。

选材时，首先要考虑办公空间的整体风格定位，以及色彩对材料的要求与限定，检

查所选用的材料是否符合该空间的功能要求及美学原则；其次还要考虑材质的品牌、价位、规格及材料之间的合理搭配等问题。

在具体设计中，还要特别注意材料使用的空间类别与装饰部位。室内空间有各式各样的种类和不同的功能，装饰材料的选择也应有所变化，如办公空间的材料选择和住宅空间的材料选择从根本上就不一样。同时，因装饰部位的不同，装饰材料的选择也不一样，墙面、地面、顶棚及柱子等都会有其相应的材料作为选择对象。此外，装饰材料的选择常常与地域或气候有关，应选择与当地气候及环境相协调并有一定适应力的材料。在细节上，两种不同材料的交界处理是室内设计中的一个难点，需要设计师具有丰富的设计经验。例如，地面的两种材料处理不好就容易产生不必要的高差，影响视觉效果和实际使用功能。在材料选择上还要考虑场地与空间、标准与功能，以及民族性和经济性等多种因素。

不同功能的办公室在选材时也会产生不同的倾向。政府机关办公室要求稳重大气，多用石材；设计公司办公室追求个性，在选材上可更加大胆，如选用镜面等。企业应根据自身特点选择符合企业文化和企业气质的装饰材料。

办公空间选用材料时应遵循以下原则。

（1）顶棚

大多数现代办公空间在顶棚用材上都比较简单，常采用石膏板、矿棉板或铝扣板顶棚。一般只在装饰重点部位（如接待区、会议室）做一些石膏板造型顶棚，其他部位大多采用矿棉板，不做造型处理。采用铝扣板顶棚会增加现代感，但造价要比矿棉板顶棚高得多。矿棉板顶棚和铝扣板顶棚的共同优点是便于吊顶内机电管线的维修（一般办公室的建筑层高都不会太高，不超过 3.5 m，即使做了上人型石膏板顶棚，也无法上人对吊顶内机电管线进行维修）。顶角线可选择的种类很多，有石膏线脚、PVC 发泡线脚、实木线脚，也有部分办公室会设计成铝顶角线。

（2）地面

办公室地面的选材原则通常是简单、易清理，要与功能相结合。水泥砂浆地面、大理石地面、水磨石地面、环氧树脂、瓷砖、木地板、塑胶地板、地毯等都有实际的应用。

办公接待区地面采用石材时要考虑石材地面与地毯的接口问题，以及办公楼本身的承重问题。若承载能力低，就不能采用石材地面。茶水间或储藏室常采用 PVC 地胶板（石英地板砖）或地砖地面，但也有很多设计案例采用方块地毯。机房对地面有防静电的要求，因此地面必须采用防静电材料，如地砖、防静电木质地板、防静电架空地板等。

（3）地脚线

一般选用高度为 100 mm 的地脚线，其材料和色彩根据地面材料来配合，总的原则是以简洁为主。例如，当地面为大理石时，地脚线可以选择比地面颜色深一些的石材，或者选择与地面材料有很大反差的材料（如金属地脚线）。

（4）墙面

随着社会发展，墙面建材的选择越来越个性化。大面积的墙面处理力求简单，一般采用壁纸或乳胶漆；墙面局部的点缀可选用玻璃、金属、立体绿化、生态建材等善于营造风格的材料。

2. 办公空间色彩设计

办公空间色彩在一定程度上会影响人们的工作状况、工作满足感、交往舒适感等。一般情况下，办公空间大面积使用高亮度、淡色调色彩时员工工作效率会更高。但由于个体对环境色彩的敏感性不同，所以对办公环境的色彩设计不可能非常精确地加以度量和控制。

天然材料色彩柔和、清晰、饱和而丰富，能够满足不同个体在生理、心理和感情等多方面的个性化需要，因此选用天然材料色彩系列不失为一种设计捷径。天然材料的价格通常较高，设计师为了营造自然的氛围也常常选用仿棉麻织物、仿天然木材等，色彩大多选用饱和且更为清晰、柔和的混合色彩，这样不但可以在有限的空间内为员工创造开阔的视觉空间环境，而且能够在工作范围内为员工创造一个舒适、满意的个人工作小环境。

壁纸和乳胶漆的颜色要选用较明快的色调，不能选用有催眠作用的色调（如粉色、淡紫色）。明快的颜色会让员工保持高度的工作热情。

3. 办公空间照明设计

现代办公空间是由多种行为因素所组成的工作环境，包括思考、书写、洽谈等，而办公照明应能确保工作者有效地进行上述活动。在办公空间照明设计中，照明不仅仅是最基础的视觉保证系统，更重要的是要有利于工作者的身心健康，为其创造一个轻松愉快的工作环境，从而提高工作效率。办公空间照明设计可分为环境照明、作业照明和装饰照明。

（1）环境照明

环境照明是影响整体光环境基调的照明。办公室环境照明应明亮舒适，在天光不能满足基本工作需求时，应开启整体环境照明。整体环境照明是模拟天光的全局系统。

（2）作业照明

作业照明是在工作时使用的照明，主要指功能性照明（如读书、写作等）。作业照明不可或缺，应布置到各个员工的基本工作单元。只有基本工作单元的照明系统完善，办公照明设计才能落到实处。

（3）装饰照明

装饰照明是指一些艺术性灯具的照明。装饰照明在现代办公空间中日趋重要。如会议室使用带状 LED 槽灯配合屋顶造型，勾勒出屋顶的形态，达到装饰的效果，并且使空间光线柔和，会议室氛围更加稳重。再如设计公司接待入口常设置筒灯、射灯配合文化墙，以突出公司的设计理念，传达设计精神。

第三节 SECTION 3 主要功能空间室内设计

一、普通办公室

普通办公室是现代社会中最常见的办公空间。传统的普通办公室空间比较固定，如为个人使用，则主要考虑各种功能的分区，既要分区合理又应避免过多走动。

1. 普通办公室的类型

办公室通常有带走廊的中、小型办公室和开放型的大办公室，两者各有优缺点。前者私密性高，各房间的环境便于单独控制，但存在浪费面积和不易沟通交流的问题；后者便于交流和管理，室内布置易调整，但私密性差，且相互有一定的干扰。

2. 普通办公室的功能组成及平面布置

普通办公室的功能流线如图 5-32 所示。普通办公室还可分为小单间办公室和开放型的大办公室。

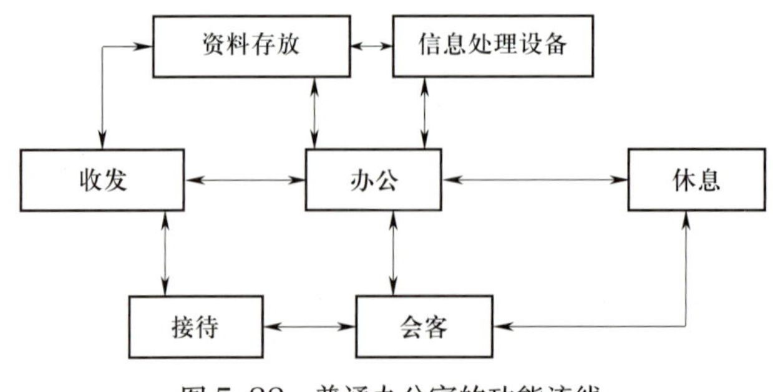

图 5-32 普通办公室的功能流线

（1）小单间办公室

小单间办公室面积一般较小，配置设施较少，空间相对封闭，办公环境安静，干扰较少，但同其他办公组团联系不便。小单间办公室适应单独办公小空间的需要，具体的基本工作单元平面布置如图 5-33 所示。如图 5-34 和图 5-35 所示分别为普通办公室基本工作单元的立面使用尺寸和普通办公室的平面布置。

（2）开放型的大办公室

开放型的大办公室的典型形式是由走道将大小近似的中小空间结合起来，通常有传统的间隔式小单间办公室和根据需要把大空间重新分隔为若干小单间办公室的类型，如图5-36 所示。开放的大空间实际上也是基本工作单元的组合变化。

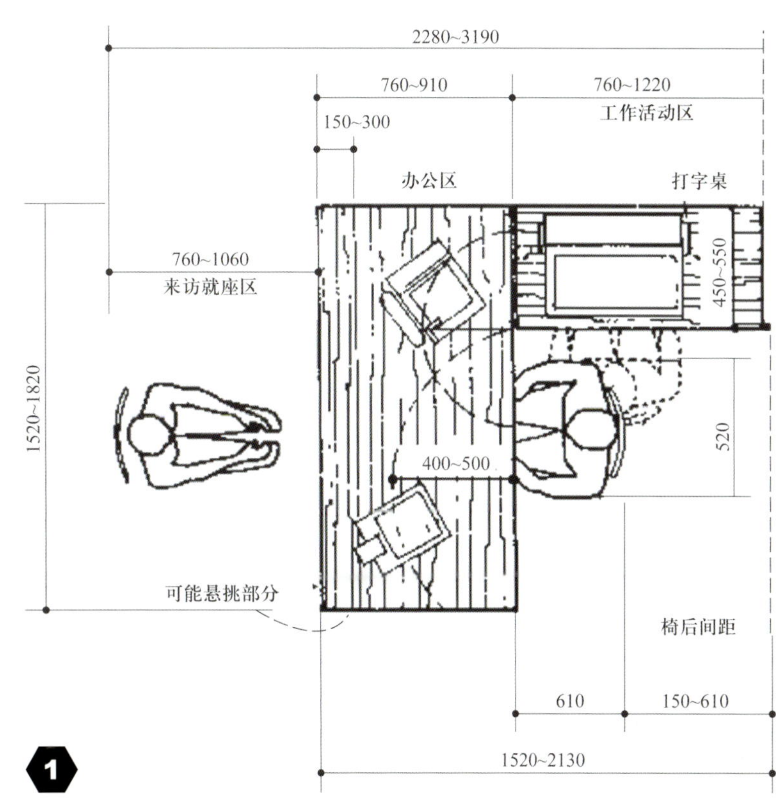

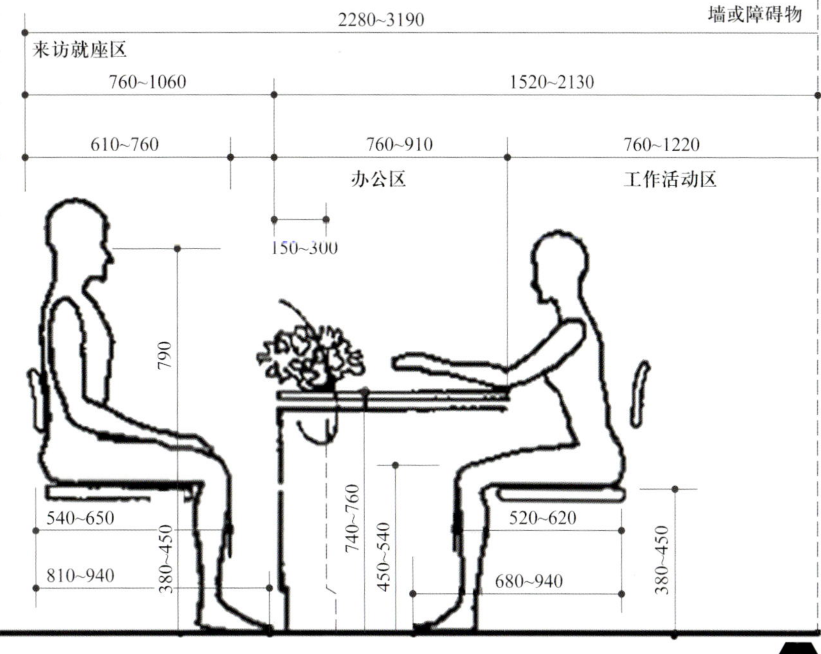

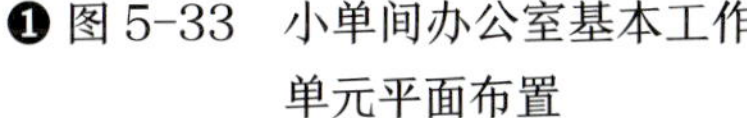

❶ 图 5-33　小单间办公室基本工作单元平面布置

❷ 图 5-34　普通办公室基本工作单元的立面使用尺寸

❸ 图 5-35　普通办公室的平面布置

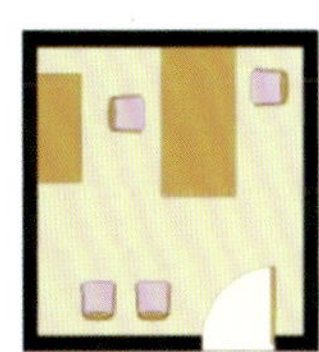
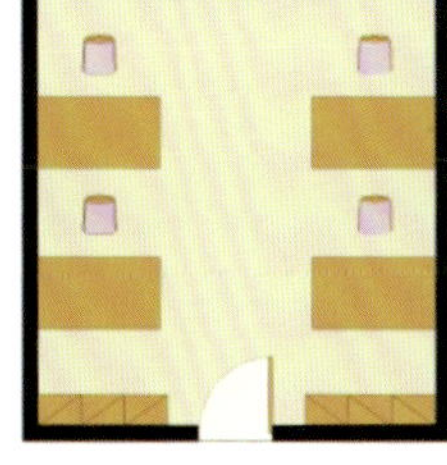
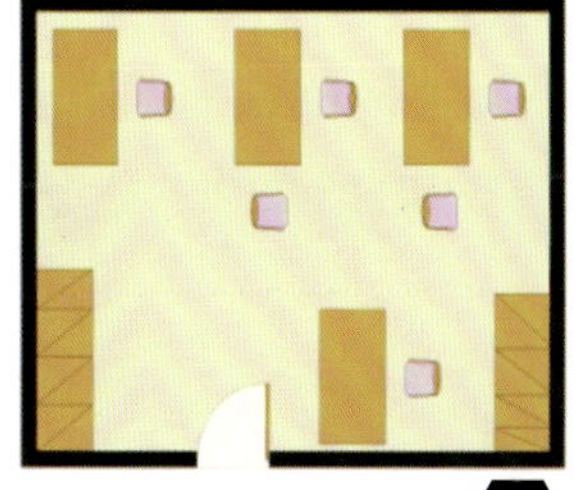

3. 普通办公室的室内设计

（1）普通办公室的空间及界面处理

普通办公室是由基本工作单元和六个围合界面组成的。办公室的核心是基本工作单元，基本工作单元的组合变化形成空间的整体基调。顶棚的主要作用是提供照明，风格应与四面围合界面尽量统一。如需增加标识性，可在某一墙面增加造型，或是通过变化材质加以区分。地面一般作为一个完整界面来处理，可在通道部分变化材质以增强引导性。

（2）普通办公室的色彩和灯光处理

小单间办公室墙面要有专门的照明，基础照明灯具的选择是多样化的。如果墙面没有专门照明灯具，要选用 FFR 系数 >1 的灯具（灯具的 FFR 系数是指灯具向上照射的光通量与向下照射的光通量之比）。小单间办公室由于空间结构小，所以不用考虑计算机屏幕反光的问题。普通办公室还可考虑使用多场景调光控制，以满足不同的任务和天气条件，从而营造不同的氛围，如图 5-37 和图 5-38 所示。

图 5-36　开放型的大办公室平面布置

图 5-37　小单间办公室照明布置平面图

图 5-38 小单间办公室照明设计示意图

开放型的大办公室有视域长、空间错落、顶棚开阔的特点。因此设计时，应注意顶棚、墙面和柱子的上部比较亮。最好采用多种类型灯具混合照明，注意避免计算机屏幕反光，如图 5-39 和图 5-40 所示。控制系统应采用动态照明或日光感应控制，局部开关尽量少。另外，最好能够安装人员感应探测系统。

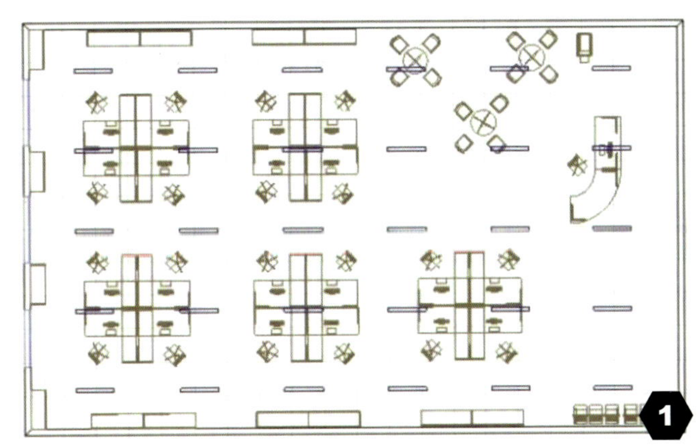

❶ 图 5-39 开放型的大办公室照明布置平面图
❷ 图 5-40 开放型的大办公室照明设计示意图

二、经理办公室

1. 经理办公室的平面布置

经理办公室一般由会客区和办公区两部分组成。会客区由小会议桌、沙发、茶几等组成，办公区由书柜、老板台、老板椅、客人座椅等组成。空间内要反映经理的文化和品位，同时要能反映企业文化特征。

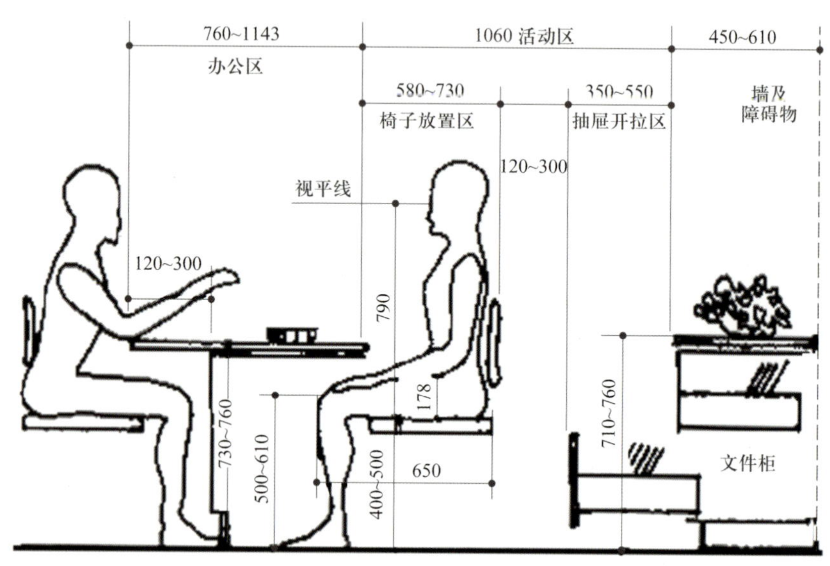

图 5-41　经理办公桌的主要间距

2. 经理办公室的室内设计

（1）经理办公室的空间及界面处理

经理办公室在装饰设计时，不仅要做到使用便捷、大方、美观，还应考虑人体尺寸要求，如图 5-41 和图 5-42 所示。办公室的地面应考虑尽可能减少行走时的噪声，并解决管道铺设与电话、计算机等的连接问题，如可在水泥地面上铺优质塑胶类地毡或在水泥地面上铺实木地板，也可在面层铺设橡胶底的地毯。智能型办公室的管线铺设应在水泥地面上设置架空木地板，使管线铺设、维修和调整较为方便。设置架空木地板后，室内净高相应降低，但其高度仍应不低于 2.4 m。由于办公建筑的管线设置方式与建筑及室内环境关系密切，所以在设计时应与相关专业人员相互配合协调。

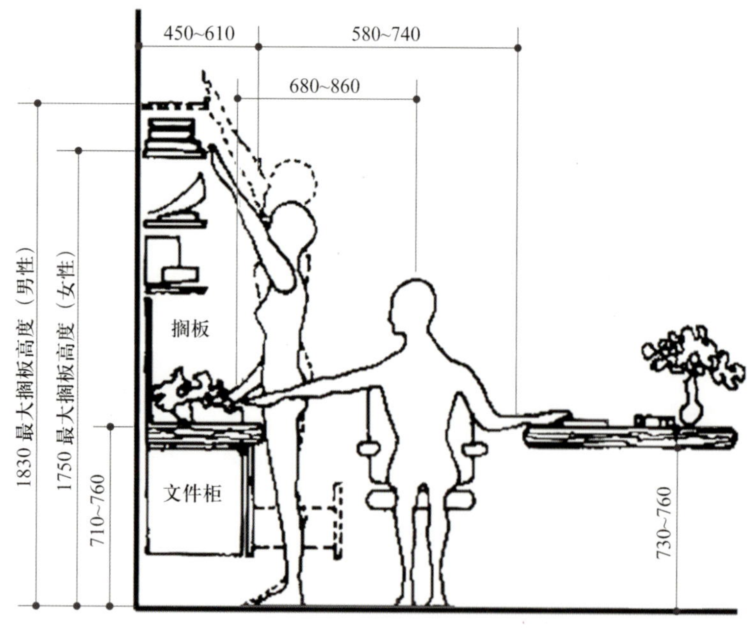

图 5-42　经理办公桌文件柜布置

办公室墙面处于室内视觉感受较为显要的地位，造型和色彩等方面的处理仍以淡雅为宜，以利于营造合适的办公氛围。墙面常用浅色乳胶漆涂刷，也可以贴壁纸，如隐形肌理型单色系列的壁纸等。有的装饰标准较高的办公室墙面也可用胶合板做面材，配以实木压条。根据室内总体环境及家具、挡板等的色彩与质地，木装饰的墙面或隔断可选用以柳桉、水曲柳为贴面的中间色调，或以榉木、枫木为贴面的浅色系列；色彩较为凝重的柚木贴面多用于小空间、标准较高的单间办公室。

办公室顶棚应采用质轻并具有一定的光反射和吸声作用的材料，设计中最为关键的是必须与空调、消防、照明等有关设施的施工工种密切配合，尽可能使吊顶上部各类管线协调配置，在空间高度和平面布置上排列有序。例如，吊顶的高度与空调风管高度及消防喷淋管道直径的大小有关，为便于安装与维修，还必须留有管道之间必要的间隙尺寸，同时，一些嵌入式的吸顶灯、灯座接口、灯泡大小和反光灯罩的尺寸等也都要与吊顶划块大小、安装方式等统一考虑。吊顶常用具有吸声功能的矿棉石膏板、塑面穿孔吸声铝合金等材料。具有消防喷淋设施的办公室还需经过水压测试后才可安装吊顶面板。

（2）经理办公室的布局及装饰材质处理

经理办公室室内通常设置接待椅、沙发、茶几、老板台、转椅、文件柜等，地面材料宜选用深色调实木地板或优质化纤地毯。

三、会议室

会议室在现代办公空间中具有举足轻重的地位。在现代公务或商务活动中，召开各种会议是必不可少的。从某种意义上说，会议室是公司形象与实力的集中体现。对于公司内部来讲，会议室则是管理层之间交流的场所之一。会议室的室内设计要从功能出发，并能满足人们视觉、听觉和舒适度等方面的要求。

1. 会议室的类型

按空间尺寸划分，可以把会议室分为大、中、小型会议室；按空间类型划分，可以把会议室分为封闭型会议室和非封闭型会议室；按功能要求划分，会议室又可分为普通会议室和多功能会议室。

2. 会议室的平面布置

会议室的布置以实用、简洁、美观为主，会议室布置的中心是会议桌，其形状有方形、圆形、矩形、半圆形、三角形、梯形、菱形、六角形、八角形、L 形、U 形和 S 形等。如图 5-43 所示为圆形会议桌、方形会议桌和 U 形会议桌的平面布置及使用尺寸。

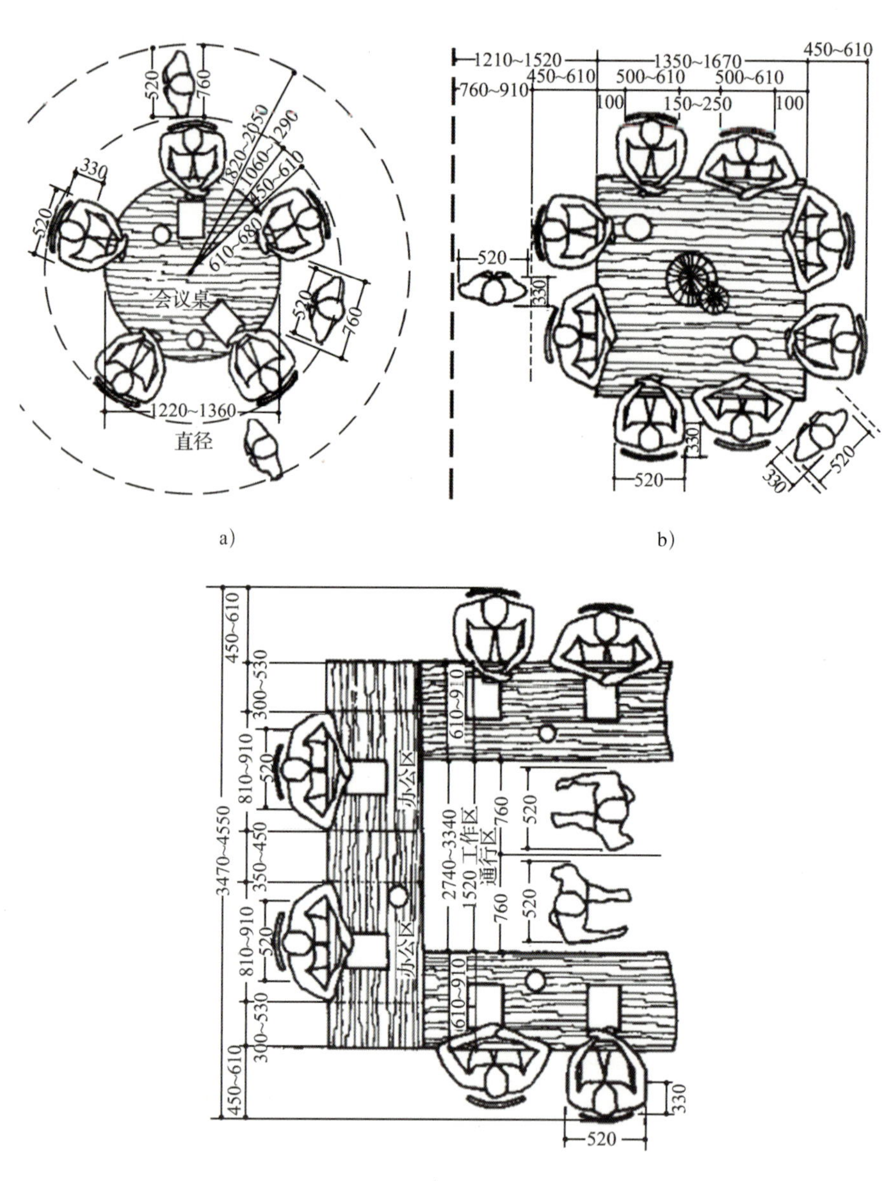

图 5-43 圆形、方形、U 形会议桌的平面布置及使用尺寸

a）圆形会议桌 b）方形会议桌 c）U 形会议桌

3. 会议室的室内设计

（1）会议室的空间及界面处理

会议室是由六个围合界面围合而成的，在空间占主导地位的是由会议桌和会议椅组成的会议空间。会议室家具的款式和造型往往决定了空间的基本风格，空间界面应围绕这个中心来展开，如图 5-44 所示。顶棚的主要作用是提供照明安装的界面，并通过造型来形成空间的风格，可以进行风格统一或是增加空间的向心力。地面通常作为一个完整界面来处理，如有需要也可通过不同材质或利用不同标志将其划分成不同区域。

首席位的背面和正面一般处理为形象背景，并可安装视听设备，如图 5-45 所示。

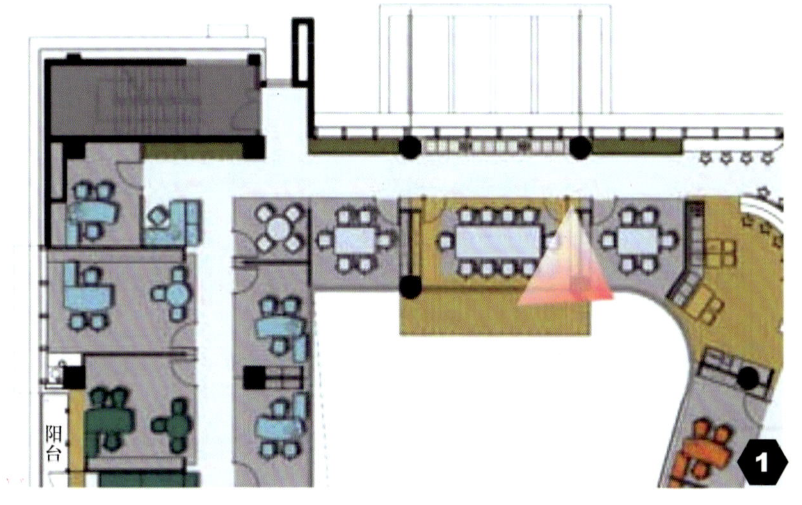

❶ 图 5-44　会议室的平面布局
❷ 图 5-45　会议室形象背景

（2）会议室的色彩和灯光处理

会议室的色彩可以分为冷调和暖调。会议室的灯光具有双重功能，既能提供所需的照明，又可利用光和影进行室内空间的二次创造。灯光的形式可以是点光源也可以是面光源，可以利用多种形态风格的照明装置，并用在恰当的部位，以生动的光影效果来丰富室内的空间。因而，灯光应该明亮且重点突出，以营造会议室自由开放的气氛。

思考与练习

1. 办公空间设计的含义及功能要求体现在哪些方面？

2. 谈谈不同类型的办公空间各自不同的设计要求。

3. 办公空间设计主要划分成哪几个功能区域？分析其各自的功能要求。

4. 举例说明你喜欢的办公空间，并说明原因。

技能训练六 在 40 m^2 范围内设计一间经理办公室

训练目的

进一步认识办公空间的性质，深入了解办公空间设计的组成和设计的基本原则。熟悉办公空间室内设计的基本流程，进行单一的办公空间设计。

训练场所与组织

在绘图教室，利用 4 个课时时间，每位同学对给定的 40 m^2 单人办公空间进行家具平面布置，由教师给予指导，并给出改进意见。

训练设备与材料

多媒体教学展示设备，40 m^2 房间平面图，A3 绘图纸、尺规工具、彩色铅笔、马克笔、针管笔等绘图工具。

训练内容与方法

教师提前 3 天将平面图发到学生手里，学生在课外进行资料收集，对平面图进行分析，然后在规定的空间内进行平面布置及空间创意。考核时，学生统一将图样展示出来，由教师讲评，也可由学生以组为单位互评，教师同时做好组织和考核工作。

可视化作品

图幅为 A3，要求完成平面布置图一张（1 ∶ 100）、功能分析图一张、其他构思创意图若干。

训练考核标准

根据学生的图面表达和创意表达能力进行综合评定。

第六章

餐饮空间室内设计

学习目标

◆了解餐饮空间的概念和组成。

◆掌握餐厅的设计要点。

◆掌握厨房的设计要点。

本章思维导图

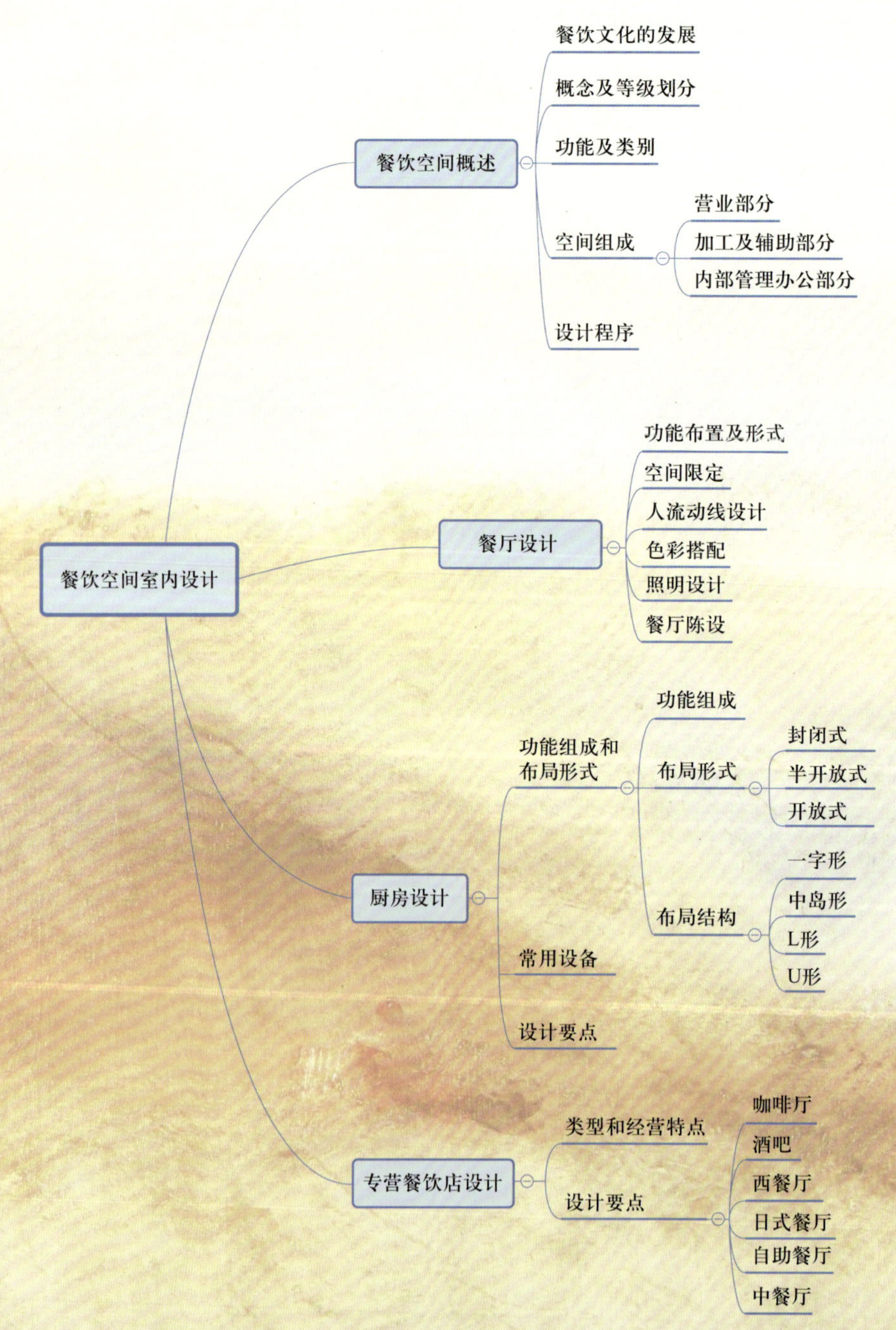

餐饮空间室内设计
餐饮空间概述
餐饮文化的发展
概念及等级划分
功能及类别
空间组成
营业部分
加工及辅助部分
内部管理办公部分
设计程序
餐厅设计
功能布置及形式
空间限定
人流动线设计
色彩搭配
照明设计
餐厅陈设
厨房设计
功能组成和布局形式
功能组成
布局形式
封闭式
半开放式
开放式
布局结构
一字形
中岛形
L形
U形
常用设备
设计要点
专营餐饮店设计
类型和经营特点
设计要点
咖啡厅
酒吧
西餐厅
日式餐厅
自助餐厅
中餐厅

饮食是人类生存需要解决的首要问题。在社会多元化的今天，随着人们生活水平的逐步提高、生活内容的日益丰富，餐饮场所的功能也随之增加。餐饮场所已不仅仅是简单吃喝的场所，更是融合社会交往、商务洽谈、娱乐等多种功能的场所。人们不仅讲究吃的内容，对吃的形式和环境也有了更高的要求。因此，创造独特风格和优雅的环境是餐饮空间设计的目的，更是室内设计把握时代脉搏、促使餐厅营销成功的关键。

第一节 SECTION 1 餐饮空间概述

一、餐饮文化的发展

餐饮文化具有悠久的历史，它的发展历程是一个国家、一个民族的发展史中不可分割的一部分。不论是在中国还是在其他国家，餐饮业的形成和演变都与人类生活紧密相连，它往往涉及经济活动、宗教信仰、地理环境、民族文化等。这些因素都影响着餐饮文化观念的发展和变化，同时也使餐饮文化更加丰富多彩。

国内外餐饮文化的发展大致经历了这几个阶段：无用具餐饮时期→用具餐饮时期→空间餐饮时期→绿色餐饮时期。从最开始的单纯填饱肚子再到追求生活质量，人们对餐饮品质和餐饮环境的要求越来越高。现阶段餐饮空间不仅指有固定经营场所的空间，也包括移动经营的餐饮空间。有固定经营场所的餐饮空间主要有快餐店（见图 6-1）、特色餐饮空间（见图 6-2）、西式餐饮空间（见图 6-3）、宴会厅（见图 6-4）等。

❶ 图 6-1 快餐店
❷ 图 6-2 特色餐饮空间
❸ 图 6-3 西式餐饮空间
❹ 图 6-4 宴会厅

二、餐饮空间的概念及等级划分

1. 餐饮空间的概念

餐饮空间是指食品生产经营行业通过即时加工制作、展示销售等手段，向消费者提供食品和服务的消费场所。它包括餐馆、小吃店、快餐店、食堂等。餐馆（又称酒店、酒家、酒楼、饭店、饭庄等）是指以饭菜（包括中餐、西餐、日餐、韩餐等）为主要经营项目的单位，包括火锅店、烧烤店、茶室等。快餐店是指以集中加工配送、现场分餐食用并快速提供就餐服务为主要形式的单位。食堂是指设于机关、学校、企业、工地等地点（场所），供内部职工、学生就餐的单位。

2. 餐饮空间等级划分

（1）餐饮空间等级划分要考虑的因素

1）使用性质。

2）餐厅的布置情况、每座位面积指标和公用部分的内容。

3）加工部分的设施与卫生条件。

按上述标准划分，餐饮空间可分为三级：一级餐厅、二级餐厅和三级餐厅。

（2）餐厅级别

1）一级餐厅：经营中、西餐与风味菜肴，接待顾客与零餐并重，设有条件较好的大小餐厅及设施完善的加工场所。

①餐厅座位布置及尺度宽敞舒适，使用面积的最小指标为1.3平方米/座。营业部分，除大小餐厅外，还应设有相应的前厅与存衣室、休息候餐室、小卖部、顾客专用卫生间及交通设施等。位于建筑三层以上的餐厅应设电梯。

②厨房设施完善，有良好的环境及操作条件，有合理流程，餐厨比应接近1：1.1。

2）二级餐厅：以接待零餐为主，又具备一定的餐请条件，设有大小餐厅，以及制作中、西餐和风味菜肴、单一面食的加工场所。

①餐厅座位布置比较舒适，使用面积最低为1.1平方米/座。应设有前厅、小型休息候餐室、顾客专用卫生间及交通设施。位于建筑四层或四层以上的餐厅应设顾客电梯。餐厅中需有洗手设施。

②厨房布置符合工艺流程，有较好的设施、操作条件和卫生条件。餐厨比应接近1：1.1。

3）三级餐厅：以大餐厅接待顾客为主，并设有足够面积的加工场所。

①餐厅座位布置合理，使用面积最小为1平方米/座。需设置顾客专用厕所，其余交通设施及前厅内容的设置视具体条件而定。在餐厅中为顾客设有洗手设施。如果餐厅位于建筑四层或四层以上，需设有顾客使用的电梯。

②厨房必须符合工艺流程及卫生要求。餐厨比约为1：1.1。

三、餐饮空间的功能及类别

1. 餐饮空间的功能

（1）用餐的场所。

（2）娱乐与休闲的场所。

（3）喜庆的场所。

（4）信息交流的场所。

（5）交际的场所。

（6）团聚的场所。

2. 餐饮空间的类别

（1）高级宴会餐饮空间。

（2）普通餐饮空间。

（3）食街、快餐厅。

（4）西餐厅。

（5）酒吧。

（6）咖啡厅。

（7）茶吧。

四、餐饮场所的空间组成

餐饮场所主要由营业部分、加工及辅助部分和内部管理办公部分组成。

1. 营业部分

营业部分是指接待、就餐及入口、前厅、卫生间等服务于顾客的用房。餐厅的规模按设座的多少可分为大餐厅和小餐厅。设座在 40 个及以内的称为小餐厅，设座在 40 个以上的称为大餐厅。大型餐厅需设有专供宴会或接待较高规格喜庆典礼等使用的宴会厅。大型餐厅将顾客入口与员工入口分设，寒冷地区还需要在出入口处设置门斗或门厅。

（1）前厅

大厅与门厅一般合称为前厅。标准较高的餐厅设有大厅（见图 6-5）。大厅的功能是顾客由此进入不同餐厅，它是水平与垂直交通联系的枢纽和室内与室外过渡的空间，主要起疏导与集散人流的作用。大厅也为顾客餐饮前后的等候、存衣取物、休息或购买等活动提供了必要的室内环境。根据餐厅的不同建筑标准，前厅的规模和内容也相应地有所不同。有的餐厅将楼梯、电梯设置于前厅，也有标准较低的餐厅不设前厅，而将顾客出入口、门斗甚至楼梯设置于餐厅之中。

图 6-5　大厅

（2）过厅

供顾客通往各层餐厅的水平通道间常设小型过厅。它不但承担水平与垂直交通的缓和、转折作用，而且常常兼做餐厅共用的付货处、收款处或值班办公用房，也可做休息室、接待厅等。

（3）卫生间

卫生间供顾客与工作人员单独使用。

2. 加工及辅助部分

餐厅的加工部分主要指厨房，其中有主食加工区（见图6-6）、副食加工区（见图6-7）、备餐洗涤消毒区（见图6-8）、餐具存放区（见图6-9）等。餐厅辅助部分包括各种库房和炊厨人员更衣室、卫生间及办公用房等。根据不同的建筑用房和建筑标准，加工部分的内容也会有所增减和变化，要灵活掌握。

❶ 图6-6 主食加工区
❷ 图6-7 副食加工区
❸ 图6-8 备餐洗涤消毒区
❹ 图6-9 餐具存放区

3. 内部管理办公部分

一般的或标准较低的餐厅所需的办公用房可能较少，有时一间或几间，工作人员需使用的更衣室、卫生间等房间一般可与加工部分合设。其他附属用房（如洗衣房、锅炉房、车库、杂品库等）根据具体情况具体考虑。

五、餐饮空间的设计程序

1. 调查、了解、分析现场情况和投资额大小。

2. 进行市场分析研究，做好顾客消费层面的定位和经营形式的决策。

3. 充分考虑并做好原有建筑、空调设备、电器设备、照明灯饰、厨房、燃料、环保、后勤等因素与餐厅设计的配合；然后确定主题风格、表现手法和主体施工材料，根据功能定位进行空间功能布局，并做出创意方案效果图和意想图；最后和业主一起会审、修改、定案。

4. 进行施工图的深入设计和图纸制作，如制作平面图、天花板图、立面图、剖面图、大样图、轴测图、效果图、灯位图及五金配件表、灯具灯饰表、室内装饰陈列品选购表等。

5. 完成设计方案说明。设计说明的内容包括工程项目、名称、功能、地址和面积，投资额，经营定位、模式，设计创意和主题思想，设计要点，材料选择（规格、型号、厂家品牌及质量要求），加工及现场制作要求等。

6. 施工和监督（评估）。设计师根据实施设计图，检查客户的要求是否得到满足，家具的数量和尺寸是否与空间大小适合，以及人流动线是否得到有效规划等。

7. 开业之后的维护。施工结束并不意味着设计结束。设计师应该在开业之后检查一些维护重点，如内部和外部的装饰，缺陷设施的检查和修理，附件元素的设计等。

第二节 SECTION 2 餐厅设计

一、餐厅功能布置及形式、空间限定、人流动线设计

1. 餐厅功能布置及形式

由于餐厅空间有限，所以许多建材与设备均应做经济、有序的组合，以显示形式之美。餐厅装饰设计时要运用适度的规律把握秩序的精华，这样才能取得完整而又灵活的平面效果。在设计餐厅空间时，必须考虑各种空间的适度性、过渡的合理性及功能组合关系（见图 6-10）。和餐厅有关的主要空间有如下几种：

（1）餐厅顾客用空间

如通路（电话、停车处）、座位等，餐厅顾客用空间是服务大众、便利其用餐的空间。

（2）餐厅管理用空间

如入口处服务台、办公室、服务人员休息室、仓库等。

（3）餐厅调理用空间

如配餐间、主厨房、辅厨房、冷藏间等。

（4）餐厅公共用空间

如接待室、走廊、洗手间等。

在做餐厅装饰设计时，要注意各空间面积的特殊性，并考察顾客与工作人员流动路线的简捷性，同时要注意消防等安全性的安排，以求得各空间面积与建筑物的合理组合，高效率利用空间。

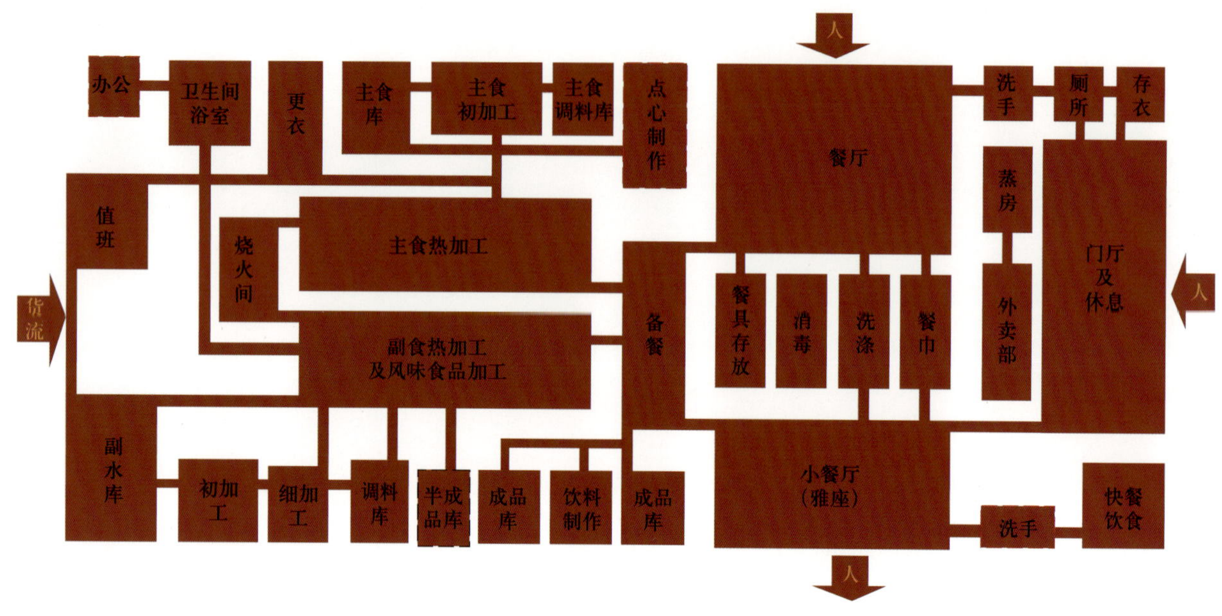

图 6-10　餐厅功能组合关系

餐厅店内设计除了包括对店内空间做最经济有效的利用外，店内用餐设备的合理配置也很重要。餐桌、椅及橱、柜、架等的大小或形状虽各不相同，但应有一定的比例标准，以求得均衡与相称，同时各种设备应有一定的空间关系，以求能提供有水准的服务。

一般来说，用餐设备的空间配置主要包括餐桌、餐椅的尺寸大小（见图 6-11），以及根据餐厅面积大小对餐桌的合理布局（见图 6-12）。餐桌可分为西餐桌和中餐桌。西餐桌一般为长方形；中餐桌一般为圆形和正方形，且以圆形居多。如果空间面积允许，宜采用圆形桌，因为圆形桌比方形桌更富有亲切感。方形桌的好处是可在供餐的时间内随时合并成大餐桌，以接待没有订座的大群顾客。餐桌的就餐人数依餐桌面积的不同而有所不同，圆形的中餐桌最多能围坐 12 人，但是快餐厅里更适宜摆放一人一个的小方桌。餐桌的大小要与就餐形式相适应。

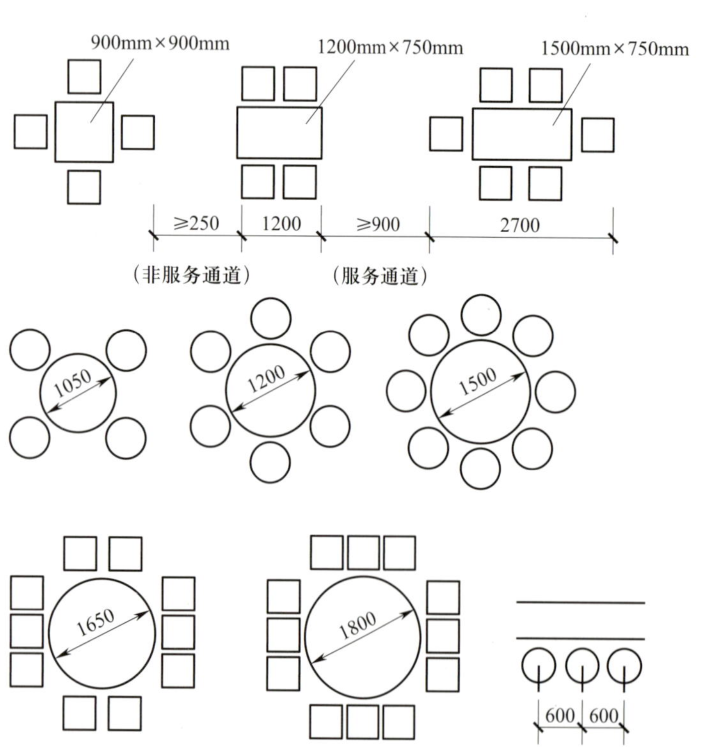

图 6-11　常见的餐桌尺寸

一般情况下，餐厅适合以小型桌为主，供 2 ~ 4 人用餐的桌子刚好符合现代中国家庭的需求。快餐厅可以多设置一些单人餐桌，这样就餐人就不必经历和不相识的人面对面共同进餐的尴尬局面了。另外，餐桌的大小会影响餐厅的容量，也会影响餐具的摆设。所以餐桌的大小除了需符合餐厅面积并能最有效使用外，还应考虑顾客的舒适度及服务人员、工作人员工作的便捷性。桌面不宜过宽，以免占用餐厅过多的空间。座位的空间配置，在有柱子或角落处可单方靠墙做三人座，可也变成面对面或并列的双人座。餐桌椅的配置应考虑餐厅面积的大小及顾客的餐饮需要，随时能做迅速适当的调整。

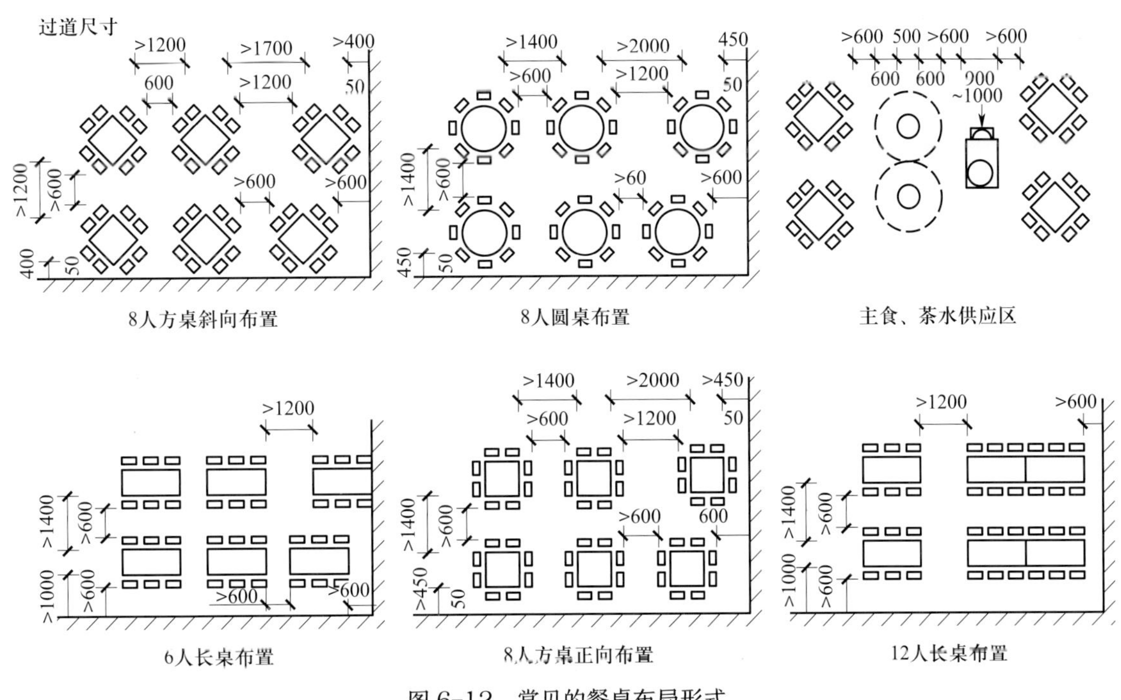

图 6-12　常见的餐桌布局形式

2. 空间限定

在遵循餐饮空间设计原则的基础上，餐饮空间要有一定的限定。围合空间的实体可以归纳为两类，即水平实体（如地面、顶棚等）和垂直实体（如列柱、隔断、家具等）。

（1）水平实体限定空间

水平实体限定空间因其所处的位置不同，可以分为地面和顶棚两种。

1）地面限定：用来限定空间的地面其图形的边界轮廓或图案越清晰，色彩、质感对比越明显，则它所限定的空间范围就表达得越明确。常用的设计手法有：①以材质和色彩划分空间，如图 6-13 所示，交通空间和就餐空间分别运用木色和灰色的材料，使得空间清晰度和归属性加强；②将部分地面从周围地面中抬高或下沉，从视觉上将该范围分离出来，限定出空间领域，再加上形式的变化，就会形成一个明显区别于其他空间的平台，增加层次感，如图 6-14 所示；③利用有效层高形成夹层餐饮空间，如图 6-15 所示。

❶ 图 6-13　通过地面材质的颜色来限定空间

❷ 图 6-14　通过地面地台与顶面吊顶来限定空间

❸ 图 6-15　通过夹层来限定空间

2）顶棚设计。限定空间的顶棚有屋顶、楼板、吊顶、构架、织物软吊顶、光带等。也可以将顶棚抬高或下降，造成不同的空间尺度。顶棚设计的手法更为多样化，如图 6-16 所示，通过顶棚吊顶和灯具来限定空间；如图 6-17 所示，通过顶棚吊顶材质的不同来限定空间；如图 6-18 所示，通过顶棚吊顶的造型、灯光的呼应关系来限定空间。

❶ 图 6-16 通过顶棚吊顶和灯具来限定空间

❷ 图 6-17 通过顶棚吊顶材质的不同来限定空间

❸ 图 6-18 通过顶棚吊顶灯带来限定空间

（2）垂直实体限定空间

用以限定空间的垂直实体形式多样，常见的有柱（见图 6-19）、隔断（见图 6-20）、屏风（见图 6-21）、特殊造型（见图 6-22）、织物（见图 6-23）、隔墙（见图 6-24）、纱幔（见图 6-25）等。由垂直线性实体所限定的空间和周围空间的关系是流通的，视觉是连续的，人的行为也不受阻隔。在餐饮建筑室内设计中，既可以用单个垂直面来围合、划分空间，也可以用一个垂直面作为入口界面，从造型上加以重点处理，引导顾客进入该餐厅或饮食店。

（3）空间组合方式

在餐饮空间设计中，比较常见的空间组合方式有集中式、组团式和线性式，或是它们的综合变种。

❶ 图 6-19　通过梁柱造型围合空间
❷ 图 6-20　通过 U 形矮栏杆围合空间
❸ 图 6-21　通过玻璃屏风围合空间

图 6-22 通过曲面造型围合空间

图 6-23 通过织物围合空间

图 6-24 通过木质隔墙围合空间

图 6-25 通过纱幔围合空间

集中式空间组合是一种稳定的向心式的餐饮空间组合方式，它由一定数量的次要空间围绕一个大的占主导地位的空间构成。这个中心一般为规则形式，如圆形、方形、三角形、正多边形等（见图 6-26 和图 6-27）。周围的次要空间则一般形式不同、大小各异，使空间多样化。

组团式空间组合是指通过紧密的连接，每个空间都相互联系的空间组合形式（见图 6-28 和图 6-29）。在这个组合中，没有明显的主从关系。它的平面组合比较自由灵活，可以在任何时候增加或减少空间的数量。

图 6-26　集中式空间组合形式

图 6-27　集中式空间组合实例

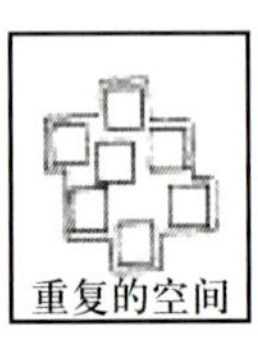

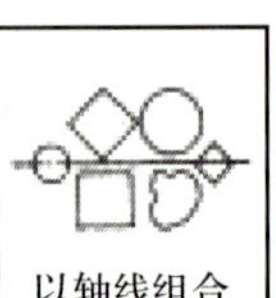

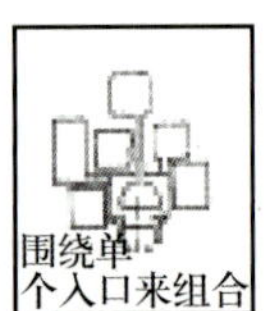

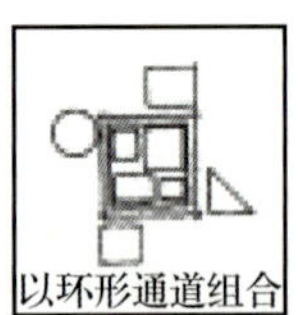

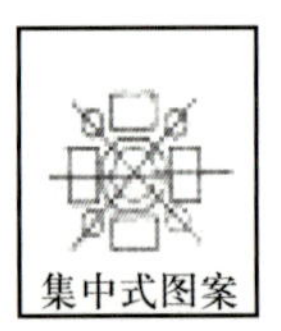

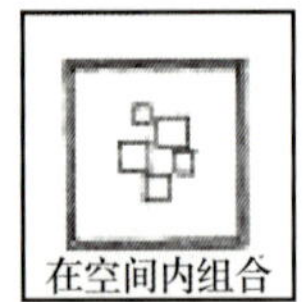

图 6-28　组团式空间组合形式

图 6-29　组团式空间组合实例

线性式空间组合是指沿着一条穿过组团的通道来组合几个餐饮空间，通道可以是直线形、折线形、环形等，如图6-30和图6-31所示。

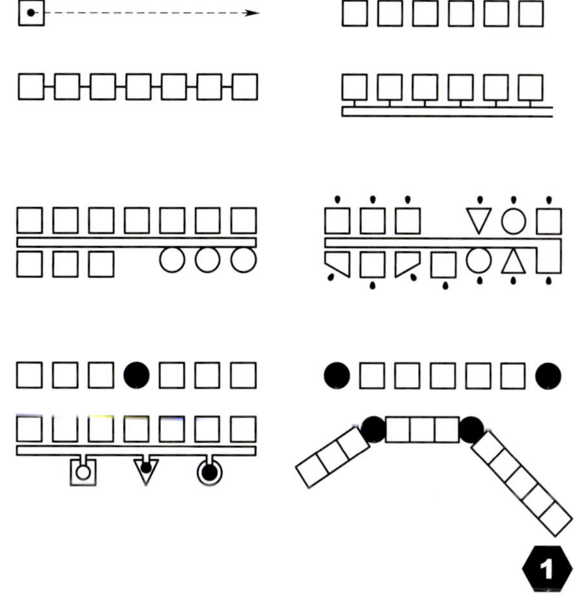

❶ 图6-30　线性式空间组合形式
❷ 图6-31　线性式空间组合实例

3. 人流动线设计

人流动线是指餐厅里人流的走向规划。一般专业的餐饮空间设计都会把后厨与前厅的人流动线综合考虑。例如，菜品从后厨拿出，通过后厨、通道到达顾客的餐桌，那么这个人流动线如何设计才最合理，如何规划才能使效率达到最大？这就需要了解整个空间的功能组成（见图 6-32 和图 6-33），通过不同的功能空间满足其交通流线（见图 6-34 和图 6-35）。整个人流动线的设计需要了解该空间最核心的两大动线群，即服务员与顾客的动线关系（见图 6-36）。只有充分了解餐厅内在的动线关系及各空间的功能要求，才能设计出合理完善的平面布置。

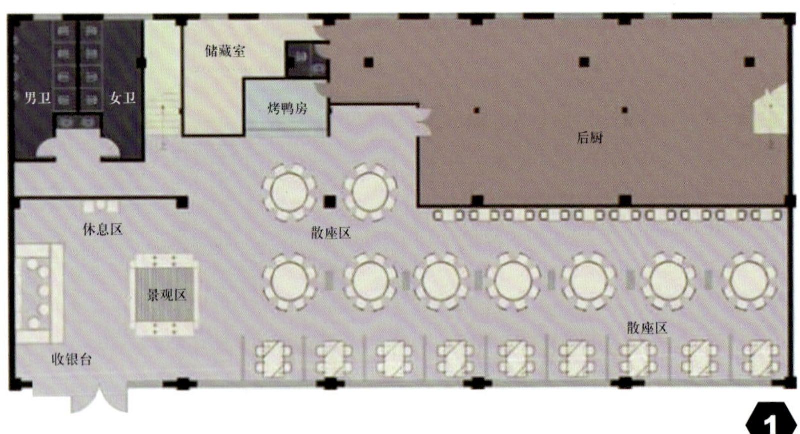

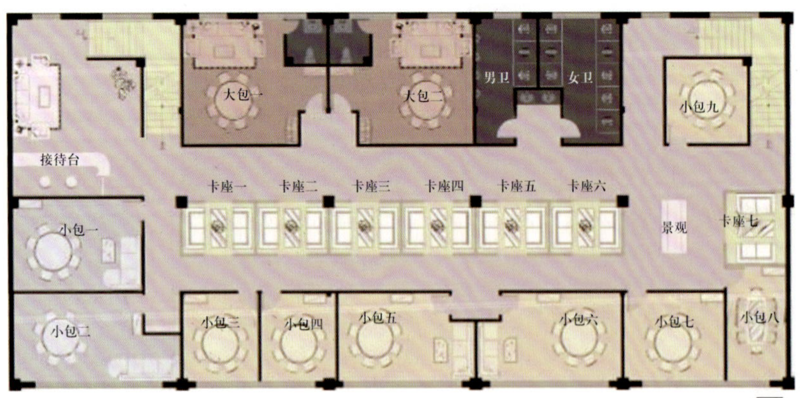

❶ 图 6-32　人流动线大厅区功能组成
❷ 图 6-33　人流动线包间区功能组成

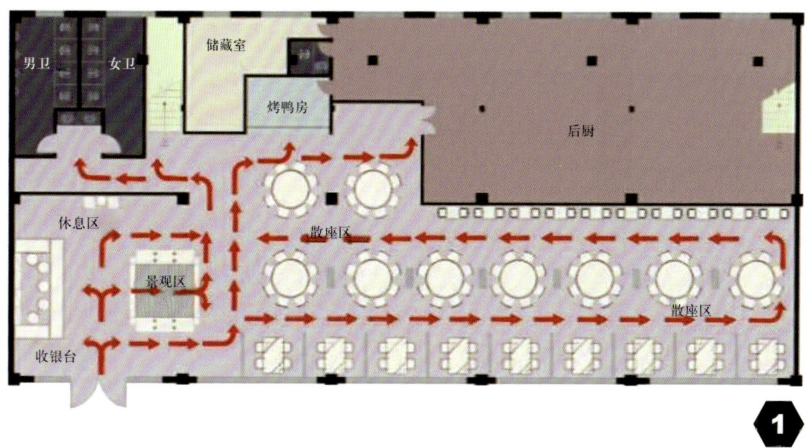

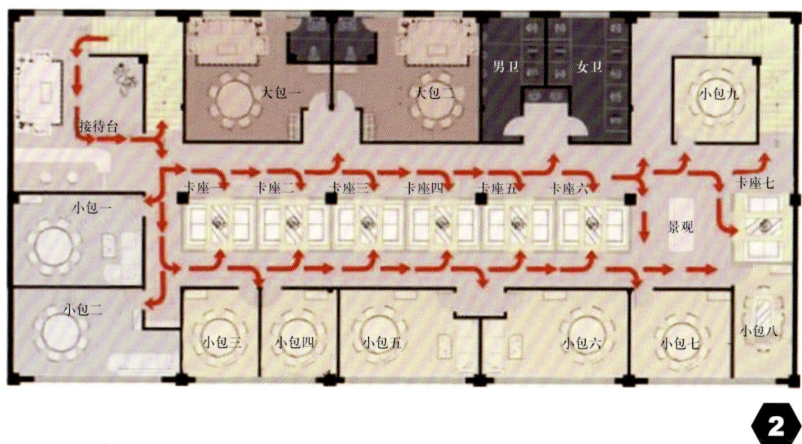

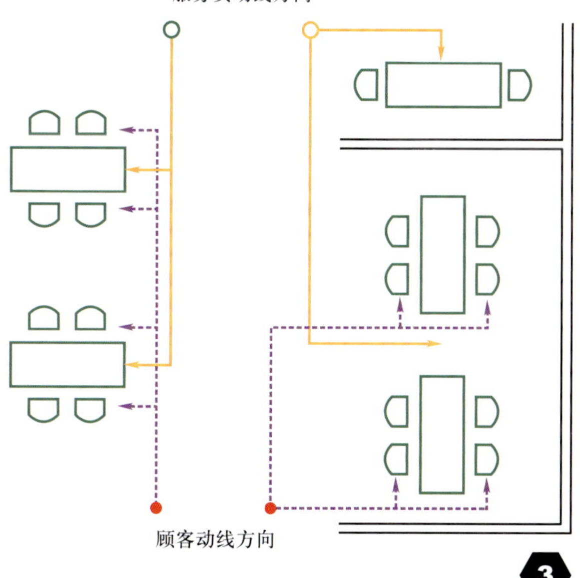

❶ 图 6-34　人流动线大厅区人流动线分析
❷ 图 6-35　人流动线包间区人流动线分析
❸ 图 6-36　服务员与顾客的动线关系

二、餐厅设计的方法

1. 基本规划（空间形象和范围）

基本规划的作用是决定设计理念，从而建立空间形象。在这个阶段会出现多种方案，对方案进行修改或调整的原则是提高服务效率、满足顾客心理。

2. 基本设计（设计阶段）

（1）门面和顾客出入口功能区

这是餐厅的第一形象，该功能区包括外立面、招牌广告、顾客出入口大门、通道等。

（2）接待区和候餐功能区

接待区和候餐功能区的主要功能是迎接顾客到来和供顾客等候、休息、候餐。高级餐厅的接待区要单独设置或设在包间内。

（3）用餐功能区

这是重点功能区，设计要点包括室内空间的尺度、功能的分布规划、来往人流的交叉安排、家具的布置使用和环境气氛的营造等。

（4）配套功能区

配套功能区包含餐厅营业服务性的配套设施，如卫生间、衣帽间、视听室、娱乐室等。

（5）服务功能区

服务功能区为顾客提供用餐服务和经营管理服务，如备餐间和备餐台。

3. 餐饮空间设计要点

（1）空间功能分区的要点

在总体布局时，要把入口、前厅作为第一空间序列，把大厅、包房雅间作为第二空间序列，把卫生间、厨房及库房作为最后一组空间序列，做到人流动线清晰、功能划分明确，以减少相互之间的干扰。餐饮空间分隔及桌椅组合形式应尽量多样化，以满足不同顾客的需求；同时，空间的分隔也要有利于保持不同餐区、餐位之间的私密性。餐厅应与厨房相连，而且应该遮挡视线，厨房及配餐室的声音和照明灯都不能泄漏到顾客的座席处。

（2）空间人流动线的设计要点

餐厅的通道设计应该流畅、便利、安全，尽量方便顾客，尽量避免顾客动线与服务员动线发生冲突。当发生矛盾时，应遵循先满足顾客的原则。服务员动线不宜过长，适宜采用直线，避免迂回绕道，以免影响或干扰顾客的进餐情绪。同一方向通道的动线不能太集中，要去除不必要的阻隔和曲折。

三、色彩搭配与照明设计

1. 色彩搭配

（1）首先要确定餐饮空间总体的色彩基调，然后再针对餐饮空间的不同区域功能来设定搭配局部色调。

（2）处理色彩关系的基本原则是大调和、小对比。

（3）室内环境的色彩色相宜简不宜繁，纯度宜淡不宜浓，明度宜明不宜暗，主要色彩不宜超过三个色相（见图 6-37 和图 6-38）。

（4）在缺少阳光和利用灯光照明的包间内，可以采用明亮的暖色调，以温暖气氛，增加亲切感（见图 6-39）。

❶ 图 6-37 低纯度中明度的大厅（一）

❷ 图 6-38 低纯度中明度的大厅（二）

❸ 图 6-39 暖色调包间

（5）在阳光充足的地区和炎热的地方，可多用淡雅的冷色调（见图 6-40）。

（6）在门面招牌、接待区、厕所、电梯间可使用高明度色彩，以获得光彩夺目、干净卫生的清新感（见图 6-41 和图 6-42）。

（7）在咖啡厅、酒吧、西餐厅等地方则使用低明度的色彩和较暗的灯光来装饰（见图 6-43）。

❶ 图 6-40　冷色调包间
❷ 图 6-41　高明度色彩的电梯间
❸ 图 6-42　高明度色彩的构架式门头
❹ 图 6-43　低明度暗灯光酒吧

（8）包间可使用纯度较低的各种淡色调，以获得安静、柔和、舒适的空间氛围（见图 6-44 和图 6-45）。

（9）在快餐厅、小食店等餐饮空间里，使用纯度较高和鲜艳的色彩，可以获得轻松、活泼、自由的氛围（见图 6-46）。

❶ 图 6-44　低纯度淡色调的包间（一）
❷ 图 6-45　低纯度淡色调的包间（二）
❸ 图 6-46　色彩鲜艳的小食店

2. 照明设计

（1）餐厅灯饰的配置在突出重点、划分空间及调整空间氛围等方面有着重要的作用。餐厅的照明大致有三种形式：照明光、反射光和投射光。

1）照明光。此类光的主要功能是为整个空间提供足够的照度，以使用功能为主要目的。这类光可以由吊灯、吸顶灯、筒灯及光带提供（见图 6-47 和图 6-48）。

2）反射光。这类光主要由各类反射光槽提供，其目的主要是烘托空间气氛，营造温馨浪漫的情调，使整个环境富有层次变化（见图 6-49）。

❶ 图 6-47　灯具形式
❷ 图 6-48　照明光
❸ 图 6-49　反射光

3）投射光。投射光由各种投射灯具所提供，具有吸引视线、限定范围的作用，常用来突出墙面重点装饰部位及装饰画，也用来照亮绿化，勾勒其优美的姿态（见图 6-50）。为了营造别具特色的室内氛围，投射光的投射方向也常作为出奇制胜的手段，如水平方向或自下往上的投射光常会带来意想不到的效果。在地下或水中的特殊位置应用投射光也会产生不一样的效果。

（2）餐厅大多采用白炽灯光源，也可采用日光灯光源与白炽灯光源相间的处理手法，但极少采用彩色光源。这是因为白色具有较强的显色性，不会改变食物的颜色。

图 6-50 投射光

四、餐厅陈设

1. 家具陈设

餐厅里的餐台、餐椅、沙发是餐饮空间的主要家具，其数量多、面积大。家具的造型和色彩对确定餐厅的基调起着很大的作用。餐厅家具的风格要尽量统一，要与整个室内装饰协调（见图 6-51）。

图 6-51 家具陈设

2. 织物的式样

织物一般有地毯、台布、窗帘、吊窗、墙布、壁挂等。

3. 艺术品摆设

风格古朴的餐厅一般用铜饰、石雕、古董、陶瓷和古旧家具，传统的中式餐厅可选用中国的青铜器、漆艺、彩陶、画像砖及书画（见图 6-52），主题风味餐厅则可选用具有浓郁地方特色的装饰品。

图 6-52　艺术品摆设

第三节 SECTION 3 厨房设计

一、厨房的功能组成和布局形式

1. 功能组成

（1）厨房的工作流程

厨房的工作流程由从原材料来货、验收、仓储，到加工制作，再到菜品的出品服务等一系列过程组成。

（2）确定厨房面积

确定厨房面积时应考虑餐厨面积比、经营的菜式、生产量与原材料加工量、设备先进程度与空间利用率等诸多因素，细致地分析计算确定加工、配菜烹调、面点、凉菜等生产作业区（见图 6-53 至图 6-55），并合理配套物流、仓库、办公等辅助功能区。

（3）功能区布局原则

功能区的布局原则是满足烹调工艺要求，以及菜系、饮食结构需求。

（4）卫生控制

卫生控制的措施包括采用“三区”（污染区、控制区、清洁区），脏净区分开，粗精加工区分开，生熟分开，生进熟出，切勿交叉。

（5）动线安排

厨房的动线由烹调操作的过程（洗、切、炒）决定，要符合人体劳动、工作规律，高效率地支配生产环境。

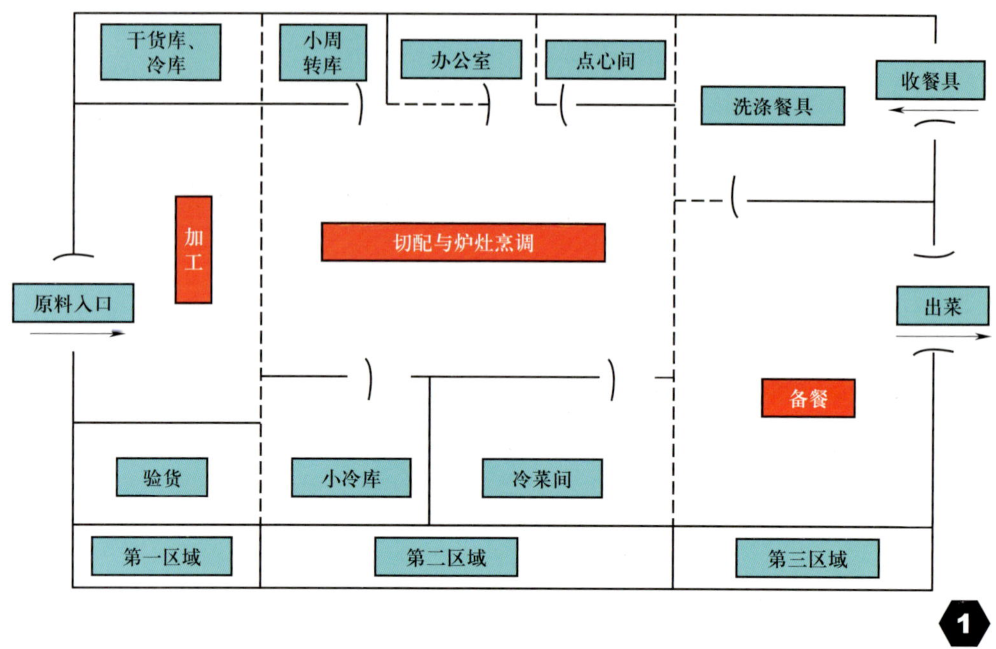

❶ 图 6-53 后厨的功能关系
❷ 图 6-54 中餐厨房
❸ 图 6-55 西餐厨房

2. 布局形式

（1）传统封闭式

这是最常见的一种形式，在我国占主导地位，适用于传统餐饮厨房。传统封闭式的布局形式可降低厨房烹调过程中煎、炒、烹、炸类菜品所产生的噪声、气味、油烟，避免影响餐厅的就餐环境。

（2）半开放式

半开放式的布局形式把厨房与餐厅连接在一起。半开放式厨房结合了开放式厨房和封闭式厨房的优点，适用于快餐厅和小规模餐饮店。

（3）开放式

开放式的布局形式将餐桌与厨房紧密相连，形成一个开放式的烹饪就餐空间，其源于西方厨房格局。西餐以冷餐、煮食、煎烤为主，少明火，油烟小。开放式厨房使顾客在品尝美食的同时可以欣赏厨师的烹饪作业，适用于酒店西餐厅、自助餐厅，不适用于中餐厅和烧烤店。

3. 厨房设计的常用布局结构

（1）一字形

一字形布局结构适用于场地面积较大、设备相对集中的大型餐厅和饭店的厨房。一字形布局结构将所有烹调料理设备依墙排列，切配、冰箱及柜具等设备按行协同直线排列，间隔适当，流程通畅。

（2）中岛形

中岛形布局结构在西餐、自助餐系列厨房应用广泛。中岛形布局结构把主要烹调设备相背向组合在厨房中，置于一个岛形烟罩下面，其最适用于方形格局厨房。中岛形布局结构要求空间相对要大，设计颇具人性化。

（3）L形

L形布局结构是功能性十足，并拥有黄金工作动线优势的厨房布局。L形布局结构将烤箱与炉具安排在一条轴线上，其他设备安排在另一条轴线上，两边相连沿墙成角型。该布局结构便于集中加热、排烟，可兼顾操作，节省人员，在窄形、面点等厨房均可使用。

（4）U形

U形布局结构利用厨具环绕三面墙壁，适用于面积较小、人员少、菜品较集中的厨房，如点心间、冷菜间。人员在中间操作，取料方便，节省行动时间，且该结构空间感强。

二、厨房常用设备

1. 炒炉及蒸炉部分

如小炒炉、大炒炉、汤撑炉、平头炉。

2. 蒸柜部分

如单门蒸柜、双门蒸柜、三门蒸柜、大型蒸饭柜。

3. 煲仔炉部分

如煲仔炉（四头、六头、八头、十二头、十六头）。

4. 星盆类部分

如单、双、三星盆台，剖鱼台，污碟台。

5. 台类部分

如单、双层工作台，木面案工作台。

6. 荷台部分

如单、双通荷台，暖碟台。

7. 柜类部分

如挂墙柜、碗柜、高身储物柜、纱门柜。

8. 货架部分

如货架、层架、天花吊架。

9. 烟罩部分

如油网烟罩、运水烟罩、集气罩。

三、厨房设计要点

1. 厨房各生产部门尽可能安排在同一楼层，并紧邻餐厅

餐饮产品的生产离不开厨房各加工、生产部门的紧密配合，也离不开食品仓库、冷库等辅助设施。如果将这些部门都集中安排在同一楼层，那么最好在一楼。这样一方面可以缩短原料、食品的搬运距离，减轻厨师的工作负荷，提高工作效率；另一方面也有利于工作人员和设备用具的相互调剂，以及管理者的集中控制、现场督查和指挥管理。厨房与餐厅紧邻有利于缩短员工的跑菜距离，节省人员成本，也有利于保证菜品的质量。中国菜的一大特色就是热菜热吃。距离远、时间长，菜品上桌温度下降，就会影响菜品质量，也会影响出菜的速度，容易让顾客久等而导致投诉。由于餐厅与厨房紧邻，设计时要考虑噪声问题，不能让顾客坐在餐厅就餐时听到厨房生产的噪声。

2. 厨房应注重工作环境的设计

虽然现代餐饮厨房配备了大量的先进设备，但在具体生产工程中仍然以手工操作为主，因此厨房工作人员的工作很辛苦。厨房生产环境和生产条件的优劣直接影响员工的工作热情，影响菜品的质量。

3. 厨房设计要符合卫生和安全的要求

厨房的头等大事是卫生工作。餐饮厨房在进行设计装饰、设备选购时，应围绕着便于清洁卫生展开。

第四节 SECTION 4 专营餐饮店设计

一、专营餐饮店的类型和经营特点

1. 类型

专营餐饮店可分为咖啡厅、酒吧、西餐厅、日式餐厅、自助餐厅、中餐厅等。

2. 经营特点

（1）餐饮产品质量性状的脆弱性

餐饮产品的生产食品原料大多为鲜活物品，容易腐坏变质，各类干料的保质期也较短。当温度发生变化时，很多菜品的风味会发生变化，即使再次加热也无法恢复。餐饮产品质量性状的不稳定和脆弱性给餐饮的生产和经营带来了许多的困难。

（2）餐饮产品生产、销售与消费的同步性

餐饮产品质量性状的脆弱性决定了餐饮产品的生产和经营方式。大多数餐饮实物只能在客人购买、消费前很短的时间内进行生产，也就是要“现做现吃”或者“边做边吃”，这就使得餐饮产品的生产、销售与消费必须同时进行。而这样的方式使得餐饮在销售上又呈现另外一些特点：

1）销售量受场地大小的限制。一般来说，餐饮店的营业面积越大，其销售量就越大，也就是说规模经营是最好的方式。

2）销售量受时间的限制。只有在就餐时间，顾客才会光顾餐厅购买餐饮产品。

（3）餐饮产品的差异性

餐饮产品的生产会受到厨师的技术水平，服务人员的工作态度、服务质量、精神状态等多种因素的影响。即使是同一个人在不同的时间制作同一种产品，也会出现质量偏差。在进餐服务过程中，服务员的仪容仪表、年龄、性格、文化水平、心理素质和交际能力的差异有时会使服务效果截然不同。因此，为了缩小产品的差异性，餐饮经营者要制定生产、服务操作规程和质量标准，加强对员工的职业道德教育和业务技术培训，使餐饮产品生产规模化、服务标准化，以保证餐饮产品的整体质量。

（4）餐饮产品的复杂多样性

餐饮产品的复杂多样性首先表现在餐饮产品种类繁多，形式与内容丰富。在一定的目标市场条件下，餐厅为了满足顾客对营养、风味等的不同需求，菜单上必须提供的菜品多达几十种甚至上百种，而每种菜品的实际需求量难以预料，且大多数菜品不能批量生产。其次，餐饮产品的复杂多样性表现在餐饮服务工作难度大。餐厅每天接待不同年龄、性别、民族、地域、职业、文化背景、性格的顾客，不同顾客的餐饮习惯和爱好形形色色、千差万别，即使是同一种餐饮产品服务，不同顾客的感受和评价也可能会大不相同。

二、专营餐饮店的设计要点

1. 咖啡厅的设计要点

（1）咖啡厅外观门头设计要别具匠心（见图 6-56）

图 6-56　某咖啡厅个性的外立面

图 6-57　某咖啡厅明快的大厅

咖啡厅出色的门头设计往往可以引导人们的视线，引起人们的兴趣和探索欲望。一般大型咖啡厅大门可以安置在中间，小型咖啡厅大门安置在两侧。店门应该开放、亮堂、明快（见图 6-57）、通畅，前后呼应，才有利于经营。门头的设计还应考虑店门外的因素，是水平还是斜坡、有没有遮挡物、采光条件、四周环境噪声、太阳光照射方位及其他因素。

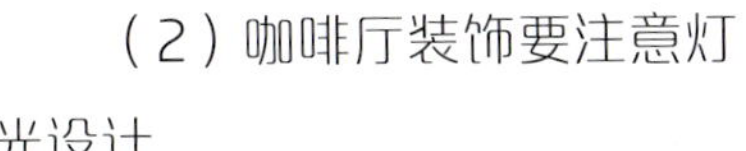

（2）咖啡厅装饰要注意灯光设计

咖啡厅最注重灯光设计，好的灯光设计往往可以营造温馨和谐的气氛，让咖啡的情调与周围的环境完美地结合。不同的灯光可以营造不同的室内环境（见图 6-58 至图 6-67），昏暗的灯光显得古老而神秘，暖色的灯光可以营造浪漫、温馨的氛围，明亮的灯光具有现代感。

❶ 图 6-58　某咖啡厅门厅暖色的灯效（一）
❷ 图 6-59　某咖啡厅门厅暖色的灯效（二）

图 6-60　某咖啡厅二楼大厅一区

图 6-61　某咖啡厅二楼大厅二区

图 6-62　某咖啡厅楼梯间（一）

图 6-63　某咖啡厅楼梯间（二）

图 6-64　某咖啡厅三楼走廊

图 6-65　某咖啡厅三楼包间

图 6-66　某咖啡厅四楼走廊

图 6-67　某咖啡厅公共卫生间

（3）咖啡厅氛围很重要

很多人来咖啡厅的主要目的是与朋友谈心交流，因此咖啡厅必须注意营造舒适、轻松、高雅、浪漫的气氛，如墙面挂一幅油画，桌子摆放一个精致的饰物等。

2. 酒吧的设计要点

（1）酒吧灯光设计要有时尚感

灯光是否具有美感是酒吧设计成败的因素之一。在进行酒吧灯光设计时，需要考虑采用何种灯型、光度、色系，灯光的数量，以及想要达到何种效果（见图 6-68）。

（2）酒吧吧台设计要有品质

吧台是酒吧空间一道亮丽的风景。吧台用料可以有大理石、花岗岩、木质等，并可与不锈钢、钛合金等材料协调搭配。吧台的形状有一字形、半圆形、方形等，具体视空间的性质和建筑的性格而定（见图 6-69）。

图 6-68　酒吧灯光设计

（3）酒吧空间设计要有个性

酒吧的空间设计是另类的或者说具有边缘倾向的。想要做出成功的设计作品，必须拥有多方面的专业知识与才能。它更强调设计者的个人水准。可以说，个性的风格设计是酒吧设计的灵魂。

图 6-69 酒吧吧台设计

3. 西餐厅的设计要点

（1）风格与特征

我国的西餐厅主要有以法国、意大利风格为代表的欧式餐厅，和风格不明确的其他餐厅。西餐厅与中餐厅最大的区别是餐饮方式的不同。欧美的餐饮方式强调就餐时的私密性，一般团体就餐很少。因此，西餐厅的就餐单元常以 2 ~ 6 人为主，餐桌为矩形，进餐时桌面餐具比中餐少，但常以美丽的鲜花和精致的烛具对台面进行点缀。淡雅的色彩、柔和的光线、洁白的桌布、精致的餐具加上宁静的氛围等共同构成了西餐厅的特色。

（2）平面布局与空间特色

西餐厅的平面布局常采用较为规整的方式。酒吧柜台是西餐厅的主要景点之一（见图 6-70），也是每个西餐厅必备的设施，更是西方人生活方式的体现。除此之外，一架造型优美的三角钢琴也是西餐厅平面布置中需要考虑的因素（见图 6-71）。在较小型的西餐厅中，钢琴经常被设置于角落，这样可以避免占据太多的有效面积；而在较大型的西餐厅中，钢琴则可以成为整个餐厅的视觉中心，为了加强这种中心感，经常采用抬高地面的方式，有的甚至再于顶部加上限定空间的构架。由于西餐厅一般层高比较高，所以也经常采用大型绿化作为空间的装饰与点缀，有的甚至像一把把大伞罩在几个餐桌之上，很好地起到了空间限定的作用。由于冷餐是西餐的主要组成部分，所以冷餐台也成了西餐厅中需要着重考虑的因素。冷餐台原则上设于较为居中的地方，便于餐厅的各

图 6-70　西餐厅酒吧柜台

图 6-71　西餐厅钢琴台

个部分取食。当然，也有不设冷餐台的西餐厅。

西餐厅特别强调就餐单元的私密性，这一点在平面布局时应得到充分地体现。创造私密性的方法一般有以下几种：

1）抬高地面和降低顶棚。这种方式创造的私密程度较弱，但可以比较容易感受到所限定的区域范围。

2）利用沙发座的靠背形成比较明显的就餐单元。这种 U 形布置的沙发座常与靠背座椅相结合，是西餐厅特有的座位布置方式之一（见图 6-72）。

3）利用刻花玻璃和绿化槽形成隔断。这种方式所围合空间的私密程度要视玻璃的磨砂程度和高度而定。一般这种玻璃都不是很高，距地面 1 200 ~ 1 500 mm。

4）利用光线的明暗程度来创造就餐环境的私密性（见图 6-73）。有时，为了营造某种特殊的氛围，餐桌上点缀的烛光可以创造强烈的向心感，从而产生私密性。

图 6-72 西餐厅卡座区

图 6-73 明暗灯光营造私密性

4. 日式餐厅的设计要点

（1）日式餐厅设计要有自然质感

日式餐厅在装饰上从顶到地都选用最天然、最朴实的材料，有着浓郁的日本民族特色（见图 6-74），线条清晰，布置优雅，木格拉门（见图 6-75）、地台是其典型的特征。日式餐厅设计秉承了日式建筑对于自然质感的追求，善于借用大自然的景色，利用最天然、最朴实的材料无限接近自然。

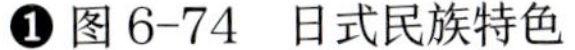

❶ 图 6-74 日式民族特色
❷ 图 6-75 日式餐厅木格拉门

（2）日式餐厅设计要善用家具

传统日式餐厅家具的形制与中国古代文化有着莫大的关系。日式餐厅的家具色彩自然沉静、线条造型简洁，和室的门窗大多简洁透光，家具低矮且不多，给人以宽敞明亮的感觉（见图 6-76 和图 6-77）。

图 6-76　日式餐厅吧台式就餐区

图 6-77　日式餐厅无腿椅

5. 自助餐厅的设计要点

（1）自助餐厅设计要有时尚感

自助餐作为都市生活中的一种消费形式，应该展现都市时尚。自助餐厅设计力求个性鲜明突出，达到引人注目、休闲舒适的最佳效果。

（2）自助餐厅设计要有特征性

食品展示区域一般安排在餐厅的中心部位或按一定的线路设计，使其能够服务于所有就餐区域。顾客取餐动线和餐厅服务人员补餐动线应设计合理，避免大量的交叉。食品展示区要分区明确，果盘区、饮品区、主食区应相对独立，如图 6-78 至图 6-81 所示。

❶ 图 6-78 自助餐厅自助餐台
❷ 图 6-79 自助餐厅果盘区
❸ 图 6-80 自助餐厅饮品区
❹ 图 6-81 自助餐厅主食区

6. 中餐厅的设计要点

（1）中餐厅设计要突出中华文化

中餐厅是品尝中国菜，领略中华文化和民俗的场所。因此，中餐厅环境的整体风格应追求中华文化的精髓，使就餐者在就餐过程中感受中华文化的博大精深，体验各地的民风民俗，如图 6-82 至图 6-85 所示。

图 6-82　中餐厅门头

图 6-83　中餐厅门厅

图 6-84　中餐厅大厅

图 6-85 中餐厅吧台

（2）中餐厅设计要满足更多客户群体的需求

餐厅设计前要做好市场调查，了解消费群的喜好。为了能够满足不同群体的就餐需求，中餐厅常设置卡座区，四人、六人或者八人座，以及包间（见图 6-86 和图 6-87），以抓住更多的消费群体，将效益最大化。

图 6-86 中餐厅大包

图 6-87 中餐厅小包

（3）中餐厅设计要有相对私密性

餐厅设计时餐桌之间多采用分隔的形式，有的采用桌椅靠背分隔，有的采用实木花格分隔，有的则运用花草植物分隔。因此，不论是中餐厅还是其他类型的餐厅，都需要注意建立良好的私密性。

思考与练习

1. 餐饮空间有哪些形式？它们的风格各是怎样的？
2. 简要叙述餐饮空间的设计程序。
3. 餐饮空间中餐厅的设计要点有哪些？
4. 餐饮空间中厨房的布局形式有哪些？
5. 专营餐饮店的类型有哪些？

技能训练七　实地调查不同餐饮空间的特点

训练目的

1. 通过实地体验与观察，了解不同性质餐饮空间的设计风格，培养审美素养。

2. 锻炼观察、归纳、整理、总结各种餐饮空间基本特征的能力，同时不断积累设计素材。

训练内容

1. 运用相机、手机等电子设备记录实地调查内容，后期在照片上加以文字说明并积累成册。

2. 运用网络搜集具有不同设计特点的优秀餐饮空间的图片，并归类、整理。

3. 选定某餐饮空间，以目测、预估、询问等方式，通过实地观察将该餐饮空间的基本设计信息填入调查分析表中。

××餐饮空间设计调查分析表

功能区域		面积（尺寸）	使用人数	专业配套陈设	主要装饰材料	主要色彩、样式	空间六面体特征	备注
入口门厅								
接待、等候区								
厢房区	大包厢							有独立卫生间、酒水台
	中包厢							
	小包厢							
大厅营业区	酒水吧台（主墙、收银）							
	散座							
	其他区域							
其他公共区域	卫生间							
	走道							
	自助餐区							
	其他区域							
其他区域								

训练要求

要求围绕课堂内容，将理论联系实际，深切体会不同性质餐饮空间的设计原理和方法的区别。

训练成果

将每位同学所归类整理的图片进行分享、交流，然后归类整理到一个文件夹中，最后将成果发送到教师的邮箱。

第七章

酒店室内设计

学习目标

◆了解酒店的类型。

◆掌握酒店室内设计的基本原理。

◆掌握大堂、客房和其他功能空间的设计要点。

本章思维导图

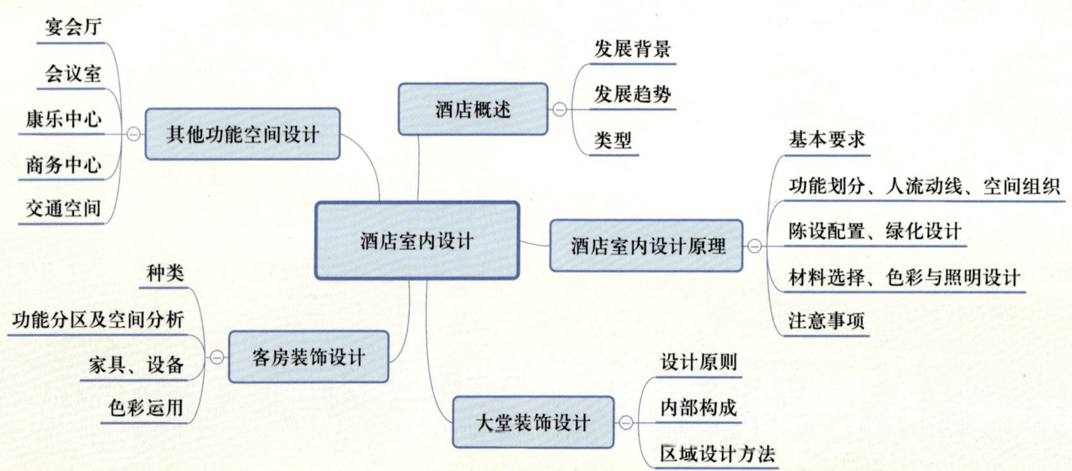

酒店室内设计
酒店概述
发展背景
发展趋势
类型
酒店室内设计原理
基本要求
功能划分、人流动线、空间组织
陈设配置、绿化设计
材料选择、色彩与照明设计
注意事项
大堂装饰设计
设计原则
内部构成
区域设计方法
客房装饰设计
种类
功能分区及空间分析
家具、设备
色彩运用
其他功能空间设计
宴会厅
会议室
康乐中心
商务中心
交通空间

酒店是指以间（套）/夜为单位向顾客提供住宿和饮食服务的场所，具体地说是通过出售客房、餐饮及综合服务设施向顾客提供住宿、饮食、会议、休闲、度假等相应服务，从而获得经济收益的机构。酒店按不同习惯可能被称为宾馆、旅馆、旅社、客栈、度假村、招待所等。酒店空间室内设计也是室内设计的常见主题。

第一节 SECTION 1 酒店概述

一、酒店的发展背景

1. 国外酒店业的发展

西方酒店业的发展经历了古代客栈时期、大饭店时期、商业饭店时期和现代酒店时期四个阶段。

（1）古代客栈时期

客栈最早出现于古希腊和罗马时期，主要满足人们吃、喝、睡等基本需求。当时的客栈大多设在古道边、车马道路边或驿站附近，声誉较差。

（2）大饭店时期

18 世纪后期，由于火车和轮船的发展，酒店业有了较大发展。当时很多酒店设在铁路沿线和海港附近，1829 年美国波士顿建成的特里蒙特酒店堪称第一座现代化酒店。这一时期的酒店具有规模大、设施豪华、服务正规等特点，主要是为贵族度假者、上层人物和公务旅行者服务。

（3）商业饭店时期

20 世纪初期，商务旅游急剧增加，专门为商务旅游者服务的商业酒店应运而生。这一时期的酒店设施方便、舒适、清洁、安全，开始以顾客为中心，价格也趋于合理。此外，汽车酒店也开始出现。

（4）现代酒店时期

第二次世界大战后，经济繁荣，交通也更加便利。到 20 世纪 50 年代末 60 年代初，旅游业和商务的发展催生了新型酒店的诞生。世界上一些著名的酒店企业开始以酒店连锁的模式主宰世界酒店业，目前世界酒店业的发展仍处于这一时期。这一时期的酒店服务向综合性发展，酒店不但提供食、住，还提供旅游、通信、商务、康乐、购物等多种服务。

2. 国内酒店业的发展

我国是世界上最早出现酒店的国家之一。根据记载，早在中国商朝就有供官方传递文书人员和往来商旅人员居住的驿站，这也是我国最早的外出住宿设施。

（1）中国古代旅馆

驿站始于商朝中期，西周初期出现了方便诸侯进贡和朝觐的官办馆舍。春秋战国时期出现了民间的客栈和旅店，主要为商人服务。西汉时期旅馆的范围得到扩大，不仅有供各地客商住的郡邸，还有供外宾住的蛮夷邸。唐代时期除了大量的驿站，还出现了按宾客的国籍或民族接待的国家旅馆。到了元代，旅馆已成为最兴旺的行业之一，甚至出现了皇家开办的旅馆。明清时期，北京出现了大量的会馆。

（2）中国近代酒店

19 世纪初，外国资本进入中国后开始兴建西式酒店。自民国时期开始，各地相继出现了半中半西风格的中西式酒店。1900 年北京建成的“北京饭店”（见图 7-1）和 1947 年无锡建成的“中国饭店”（见图 7-2）是中国近代旅馆的代表。

图 7-1　北京饭店

图 7-2 中国饭店

（3）中国现代酒店

新中国成立后，中国酒店业发展迅速，尤其是改革开放以来，市场经济、旅游经济的迅速发展为中国酒店业带来了前所未有的机遇。1982 年北京建成了我国第一家中外合资酒店“建国饭店”（见图 7-3），1983 年广州建成了我国第一家中外合资的五星级酒店“白天鹅宾馆”（见图 7-4）。

图 7-3 建国饭店

图 7-4　白天鹅宾馆

二、我国酒店业的发展趋势

当前，我国酒店业正逐步向专业化、集团化经营管理迈进。随着客源市场的逐步调整，酒店业根据不同的市场定位不断调整经营方向，市场更趋向细分化，经营理念更人性化，设计、经营、管理和服务等方面都以顾客为先，产品从统一化转向多元化，从标准化转向个性化。商务酒店、会议酒店、度假酒店、经济型酒店、精品酒店等酒店类型正逐渐成为行业发展的主流。

1. 酒店业整体发展空间大，星级酒店稳步发展

随着我国经济持续增长、人均收入不断改善，旅游休闲成为时尚，这为国内酒店业快速发展创造了良好的条件。中国的酒店市场有望在 5 ~ 10 年内超过美国，成为全球最大的酒店业市场，国内未来星级酒店的规模和效益将持续稳定增长。

2. 酒店向集团化、信息化、智能化发展

集团化是中外酒店发展不可避免的潮流和趋势。随着 IT 技术等高新科技的发展，行业信息化、网络化、智能化将成为新的趋势。未来网络互动服务将成为消费者最为关注的酒店服务之一，而自主预定也将成为市场的主流。

3. 休闲度假酒店、经济型酒店发展潜力大

随着旅游业的持续发展，休闲度假旅游正逐渐进入民众的生活，度假型、经济型酒店适应了目前旅游业由观光型向休闲度假型转变这一大的发展趋势，因此具有极大的发展潜力。

4. 酒店管理人性化，酒店服务个性化

酒店企业注重以人为本的管理方式，内部管理人性化，对外服务也富有针对性。酒店企业将以更突出的针对性、差异性及个性化的产品和服务意识来赢得市场。

5. 绿色环保概念更受重视

在环保意识风起云涌的今天，绿色客房已经从创新走向了成熟，大量应用节能环保材料和可再生能源的绿色酒店将进入市场。

二、酒店的类型

酒店根据不同的分类方法可以分为不同的类型。

1. 按经营性质分类

按经营性质分类，酒店可以分为商务型酒店、度假型酒店、会议型酒店、经济型酒店、连锁酒店、公寓式酒店、个性化酒店等。

（1）商务型酒店

商务型酒店针对因公出差人员而非旅游度假人员，因此在选择地理位置、酒店设施、服务项目等方面都以商务为出发点。商务型酒店要求靠近城区或商业中心区，客流量一般不受季节的影响。

（2）度假型酒店

度假型酒店以接待休闲度假的顾客为主，因此多兴建在海滨、温泉、风景区附近，其经营的季节性较强。度假型酒店要求有较完善的娱乐设备。

（3）会议型酒店

会议型酒店以接待会议旅客为主，要求有较完善的会议服务设施（如大小会议室、同声传译设备、投影仪等）和功能齐全的娱乐设施。

（4）经济型酒店

经济型酒店最大的特点是房价便宜，服务模式是“住宿 + 早餐”，是相对于传统的全服务酒店形式而存在的一种全新的酒店业态。

（5）连锁酒店

连锁酒店可以说是经济型酒店的精品，锦江之星、汉庭、如家、7 天、格林豪泰、莫泰 168 等是目前国内比较成功的经济型连锁酒店企业品牌。

（6）公寓式酒店

公寓式酒店意为酒店式的服务，公寓式的管理。顾客既能享受酒店提供的服务，又能享受居家的快乐。公寓式酒店主要集中在市中心的高档住宅区内，集住宅、酒店、会所等多功能于一体。

（7）个性化酒店

个性化酒店主要针对某些特殊的消费群体，具有鲜明的个性形象、浓郁的当地文化特色和独特的历史记忆，如各种主题酒店、艺术酒店、设计酒店等。个性化酒店设计装饰大胆、手法新奇，为顾客提供愉悦的精神体验和独特感受。

2. 按建筑规模星级标准分类

可将酒店根据国家标准《旅游饭店星级的划分与评定》（GB/T 14308—2010）进行划分。

（1）一星酒店

一星酒店应有至少 15 间（套）可供出租的客房，能满足顾客最简单的旅行需要，主要满足经济能力较差的旅游者的需要。

（2）二星酒店

二星酒店应有至少 20 间（套）可供出租的客房，服务质量较好，属于一般旅行等级，满足中下等收入水平的旅游者的需要。

（3）三星酒店

三星酒店应有至少 30 间（套）可供出租的客房，应有单人间、套房等不同规格的房间配置，能满足中产以上旅游者的需要。目前，这种属于中等水平的酒店最受欢迎、数量较多。

（4）四星酒店

四星酒店应有至少 40 间（套）可供出租的客房，装饰高档，综合服务设施完善，服务质量优良，主要满足经济地位较高的旅游者的需要。

（5）五星（含白金五星级）酒店

五星酒店是酒店的最高等级，应有至少 50 间（套）可供出租的客房，70% 的客房面积（不含卫生间和门廊）应不小于 20 m^2，设备豪华，设施完善，可以提供社交、会议、娱乐、购物、消遣、保健等综合服务，主要满足社会名流、大型企业和公司的管理人员、工程技术人员及参加国际会议的公务人员、专家、学者的需要（见图 7-5 至图 7-8）。

图 7-5 四季酒店

图 7-6 皇冠假日酒店

图 7-7 豪生国际酒店

图 7-8 索菲特酒店

3. 按客房数量和规模分类

(1)超大型酒店

超大型酒店有 2 000 间以上客房。

(2)大型酒店

大型酒店有 1 000 ~ 2 000 间客房。

(3)中大型酒店

中大型酒店有 500 ~ 1 000 间客房。

(4)中型酒店

中型酒店有 200 ~ 500 间客房。

(5)中小型酒店

中小型酒店有 50 ~ 200 间客房。

4. 按地理位置分类

按地理位置分类，酒店可分为公路型、机场型、城市中心型、风景区型酒店等。

第二节 SECTION 2 酒店室内设计基本原理

一、酒店室内设计的基本要求

酒店室内设计应充分考虑使用者的需求，通过大堂、客房、餐厅、会议室等空间来满足顾客居住、饮食、会议等不同需求。根据酒店类型及标准的不同，除了满足顾客基本需求外，高档酒店及个性化酒店还需考虑体现其档次和特色。

1. 满足顾客食宿的基本需求

酒店最基本的功能就是为顾客提供食宿服务，因此酒店的居住环境要整洁舒适，饮食要卫生可口。不同的酒店根据不同的标准，进行不同的室内设计，并配备不同的设备设施，以满足不同使用者的需求。

2. 满足会议、娱乐等多重需求

现代酒店除了满足顾客食宿等基本需求外，还承担了娱乐、会议等多重功能。对于娱乐活动空间，如 KTV、健身房、游泳馆等，要突出休闲娱乐的功能要求。而会议空间因人数众多、功能要求高、人流动线复杂等因素，设计时需要考虑的因素更多。

3. 结合地域文化等特色进行设计

顾客来到一个国家或城市，所关注的除了景区景色及沿途街景，其入住的酒店也是旅游记忆的重要组成部分。酒店的建筑特色和室内装饰风格代表了一座城市的文化特色和地区风貌。因此，酒店室内设计时需要综合考虑所在城市的人文历史、风土人情和使用者的民族习惯等。对于旅游型酒店或个性化酒店，则更需要强化其特色。

二、酒店空间功能划分、人流动线与空间组织

1. 酒店空间功能划分

酒店空间从功能上可以分为入口区、住宿区、餐饮区、公共区和后勤服务区五大部分（见图 7-9）。

（1）入口区

入口区具有与本酒店规模及标准相适应的前台接待条件。入口区包括前台接待大厅、总服务台（含接待处、问询处、收银处）、商务中心、贵重物品寄存处、大堂副理接待处等。

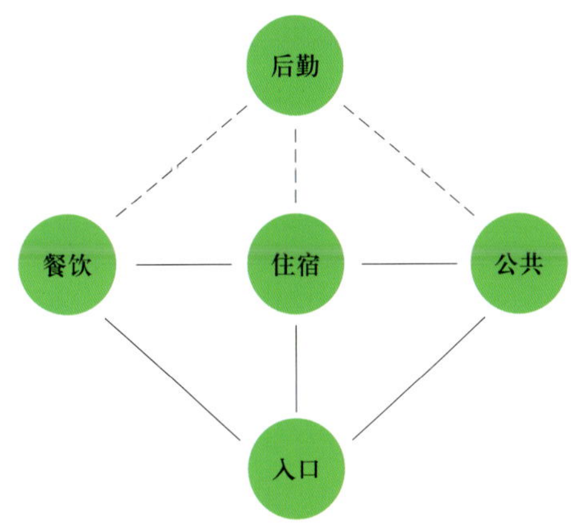

图 7-9 酒店空间功能划分

（2）住宿区

住宿区具有与本酒店规模及标准相适应的客房设施，包括标准间、单人间、双人间、豪华套房、总统套房等。客房内应配有与酒店标准相适应的客用设施。

（3）餐饮区

餐饮区具有与本酒店规模及标准相适应的中餐厅、西餐厅及所必需的饮食供应设施。

（4）公共区

公共区具有与酒店规模相适应的健身娱乐设施，含歌舞厅、酒吧、电子游艺室、游泳池、健身室、桑拿浴、按摩室及各种配套设施等；同时具有与酒店规模相适应的各类会议室及其配套设施。

（5）后勤服务区

后勤服务区包括工程保障设施、安全保障设施和内部运行保障设施等。工程保障设施包括变、配电设施，空调冷冻设施，备用发电设施，供、排水设施，热水供应设施，洗衣房及其所需的设备设施等。安全保障设施含对讲通信设施、事故广播设施、消防指挥设施、消防监控设施和各种灭火器材等。内部运行保障设施含员工食堂、宿舍、俱乐部、更衣室和通道等。

2. 人流动线

酒店空间的人流动线主要包括顾客人流动线和工作人员人流动线。顾客是整个人流动线体系的主体，必须放在首要位置进行考虑，其人流动线体系要求简洁、顺畅、清晰。工作人员必须有独立的出入口，避免顾客人流动线与工作人员服务流动线交叉。人流动线主要应在建筑设计阶段进行考虑，室内设计阶段重点是对可能产生交叉的不合理人流动线进行梳理，使之更清晰、合理。

3. 空间组织

酒店主题文化的构建包含物质表现和视觉表现两个方面。其中，物质表现包括酒店的配置、规格、安全设施、管理理念、社会价值等，用以体现不同的酒店档次。视觉表现主要是针对酒店文化定位，设计包括布置、装饰、陈设、绿化、服饰、家具、布艺、灯饰等在内的视觉元素，诠释酒店的特质。

三、酒店空间陈设配置与绿化设计

1. 酒店空间陈设配置

在酒店空间室内设计中，内部陈设除了具有良好的观赏效果外，还可以塑造室内环境的个性品质，烘托某种特定的文化氛围。从家具的选择，室内色彩、织物、景观等的和谐搭配，到主题装饰物的排列、放置，都是在一个整体构思的指导下强化主题并营造空间氛围。

酒店陈设品的设计与选取应着重注意以下几项原则。

（1）设计主题明确、统一

陈设品应与酒店装饰设计风格相匹配，与酒店整体构思立意相呼应，尤其是字画和工艺品类陈设品的设置，可以锦上添花，但不可喧宾夺主（见图 7-10）。

图 7-10　陈设品与环境的关系：整体协调、重点突出

（2）与周围环境协调一致

陈设品类型的选择应注意与墙面、台面及各类室内构件的组合和搭配，刚中有柔、虚中有实，与室内环境相互烘托，强化优点，弱化不利因素（见图 7-11）。

图 7-11 充满情趣、亮点多多的内部陈设

（3）注重造型色彩的统一

陈设品的色彩要与室内色彩协调，成为酒店整体装饰设计的点缀。

（4）注重不同陈设品尺度大小的掌控

多种陈设品的构图和相互之间的关系应尽量做到主次分明、轻重有序。

（5）尊重民族风俗习惯

陈设品的选择一定要考虑所在地不同民族及地域的民俗特点，从陈设品种类、色彩选择到陈设位置等都要考虑民俗因素的影响。

2. 酒店空间绿化设计

酒店室内空间的绿化设计与陈设品一样，如果设置得好，那么可以为整个空间增光添彩，否则可能会破坏整体空间的氛围。绿色植物的有效设置可以带给使用者清新愉悦的身心体验。酒店室内空间绿化设计要注重以下几点因素：

（1）植物种类的选择要考虑适宜的光照条件和恰当的温度湿度

酒店空间室内应尽量选择形态优美、装饰性强、季节性不太明显、在室内容易成活的植物。植物的种类不同，观赏价值也有所差别。如有供观花的月季、海棠、一品红、倒挂金钟等，有供观叶的文竹、万年青、橡皮树等，有供观果的金橘、石榴等，有散发香气的珠兰、米兰、茉莉等，可根据酒店所在地的气候特色及当地民众和顾客的不同喜好选择配置。

（2）要考虑植物的形态、质感、色彩和品格与房间的性质、用途、空间体量相协调

配置的植物要与水体、山石、家具、设备相结合，并符合空间设计的构图原则，要少而精、布置有序、层次分明，形成有机的整体（见图 7-12）。

图 7-12　酒店大堂绿化与周围环境的协调

（3）要使植物大小与空间的设计相适应

小植物的高度应在 30 cm 以下，中等植物的高度应在 30 ~ 100 cm，大型植物的高度应在 100 cm 以上。尺度不同的植物应放置在不同的空间位置，同时要考虑内部空间及周围陈设的相对尺度关系。大型盆栽摆放在地上或摆放在墙柱角落，这样既有利于观赏盆栽的整体，又可美化角落空间。小型植物可置于桌、架上，以显示其轮廓（见图 7-13）。

图 7-13　客房内的小型绿植

面积较大的门厅配置铁树、茶花之类的植物较好；小型客厅可以配置文竹、小型松柏类植物，使空间气氛幽静典雅。

四、酒店空间材料选择、色彩与照明设计

1. 酒店空间材料选择

（1）选择高档、有内涵的材料

为了让顾客满意，酒店装饰材料的选择应尽可能高档。对于高档酒店，还需对装饰材料的品牌、内涵及知名度和美誉度有所考虑，从而体现酒店的档次和品位。

（2）选择环保、健康的材料

选择的装饰材料要环保节能，符合低碳的标准，从而让入住者既能体验环保生活带来的愉悦，又能享受酒店绿色环境带给人们的舒适和健康。

（3）装饰材料的选择要与酒店的定位相匹配

酒店要想突出自己的特色，吸引目标消费群体，就需要运用丰富多样的装饰材料。运用多样化的装饰材料，可以打造色彩鲜活、设计风格多样的酒店环境，从而为顾客提供一流的环境。酒店常用的地面材料有人造石材地砖、天然石材、木地板、普通化纤地毯、全毛地毯等，常用的吊顶材料有木质三合板、纸面石膏板、装饰石膏板、塑料扣板、铝扣板、塑料有机透光板等，常用的墙体材料有乳胶漆、壁纸、墙面砖、涂料、饰面板、墙布、墙毡等。

（4）材料要结合当地市场资源和特色进行选择

一方面，选择当地材料可以节约成本，如靠近山区的石材、南方地区的竹子等；另一方面，具有地域和民族特色的材料及装饰风格也更易于表现当地的风土人情、历史文化和民族特色，如现在很多酒店设计时会选择拴马桩、石磨盘、青石板、木头车轱辘等具有历史记忆的装饰元素（见图 7-14）。

图 7-14 充满儿时记忆的设计灵感

（5）特殊材料的选择

例如，客房及会议室、KTV 等空间的装饰材料要考虑隔声效果，大厅、走廊等公共区域的材料根据消防规定要考虑防火方面的要求等，这些都需要具备一定的专业知识，综合考虑，科学选择。

2. 酒店空间色彩设计

酒店在装饰设计时，色彩搭配是重点考虑内容。明亮而有个性的色彩除了可以引起顾

客的关注外，还会影响顾客的情绪，改变室内环境气氛。酒店室内设计的色彩组合强调色彩的调和与共性，为达到柔和、圆润的色彩效果，较多采用近似色或邻近色。设计时常选择一个主色调，其他色彩精心搭配，并注意讲究规整、对称和有序。针对不同的空间使用不同的色彩，会得到不同的视觉效果和心理感受（见图 7-15 和图 7-16）。

图 7-15 色彩单一的空间与色彩对比强烈的空间带来不同的视觉效果

图 7-16 暖色系空间与冷色系空间带来不同的心理感受

3. 酒店空间照明设计

（1）室内环境照明按功能性质可分为基础照明、重点照明和装饰照明三种，通过其组合对室内空间进行从整体到细节的灯光设计。

1）室内空间的基础照明主要依靠安装在室内天花板上的灯具而得到整体的照度。这些灯具按等距离间隔配置，多数会选择筒灯，也有的选择大型的吊灯或者吸顶灯。

2）重点照明是为了照亮空间重点突出的部分，如背景墙、装饰品等，以增强对顾客的吸引力。灯具通常安装在距被照射物体较近的位置，多采用射灯。重点照明不仅可以彰显室内环境的趣味性，还能成为顾客视觉的焦点，使空间富有层次感，掩盖空间结构本身的瑕疵。

3）装饰照明针对特定的环境或者物品，表现装饰效果，起到画龙点睛的作用。可以通过选择适当的角度与光源、调整光的照射方向等手段反复试验，直到得到最佳的造型立体感。

（2）针对不同的使用空间，照明设计也有不同要求，如大堂、客房、功能厅、酒吧、餐厅等不同场所的照明设计要求各有不同的侧重点。

1）大堂照明。大堂照明分为三个照明区域：入口和前厅区、服务总台区和顾客休息区。入口和前厅区采用一般照明或全局照明，服务总台和顾客休息区采用局部照明。这些照明应保持色温的一致性。三个区域通过亮度对比，可以形成富有情趣的、连续且有起伏的明暗过渡，从整体上营造亲切的氛围。

大堂光源（见图 7-17）应以主体装饰照明与一般功能照明结合设计，光源以白炽灯、低压卤钨灯为主，可设置壁灯、地灯等照明，以改善顶部照明的不足。服务总台的照明要亮一些，要醒目。为避免眩光，应让顾客尽量看不到光源。休息区的照明不要太突出，并应避免眩光。光源可设置在台面上或用地灯。

2）楼梯和走廊照明。楼梯的照明以暗藏式为主，避免眩光的同时又要有足够的照度。可以把光源设置在扶手下、台阶下或墙角处，对楼梯进行直接照明。走廊的照明要亮一些。走廊的灯具排列要均匀，以嵌入式安装为宜；光源应采用白炽灯，如果层高较高，可采用壁灯进行照明（见图 7-18）。

3）客房照明。客房照明从位置上可以分为顶部照明、床头照明、台面照明、休息区照明、卫生间照明等。

图 7-17　璀璨夺目的大堂照明设计

图 7-18　重点突出的公共空间照明

客房应少设吸顶灯、吊灯，可按功能要求设置多种不同用途的灯具，如床头灯、落地灯、台灯、壁灯、夜间灯等，光源以白炽灯为主。顶部照明一般设在房间中间及过道上空。过道照明可使卫生间入口及壁柜有一定亮度，能满足其使用要求。室内照明

应从门口及床头两方面操作，方便顾客使用。床头照明应该为读书、看报提供充足的光线，要保证在顾客就寝和看书时不会产生眩光和手影，其照射角度也不应干扰同房的其他顾客休息，宜采用调光方式。可在化妆镜前设置暗藏灯或台灯，在写字台上设置台灯。卫生间内一般采用荧光灯或白炽灯，但要求有良好的显色性及较高的照度。一般灯具设置在镜面上方，如果卫生间较大，要加顶部照明以补充照度。照明的开关控制宜设在卫生间门外。

图 7-19　动静结合、充满情趣的客房空间照明

酒店客房应该像家一样，宁静、安逸和亲切是其典型基调，不强调冲突和戏剧性，统一的色调才符合酒店的特点（见图 7-19）。

4）功能厅、娱乐场所照明。功能厅、娱乐场所的照明设计应采用多种照明组合的方式，同时采用调光装置，以满足不同功能和使用需要。灯光控制应在厅内和灯光控制室两地操作。酒吧、咖啡厅、茶室等照明设计宜采用低照度，水平可调光，餐桌上可设烛台、台灯等局部低照度照明，但入口及收款台处的照度要高，以满足功能需要（见图 7-20 和图 7-21）。

图 7-20　咖啡厅灯光设计

图 7-21　SPA 室灯光设计

5）餐厅照明。餐厅照明设

计要创造一种良好的氛围（见图 7-22），其光源和灯具的选择范围很广，但都要与室内环境风格协调统一。为使饭菜和饮料的颜色逼真，选用光源的显色性要好。餐桌上部和座位四周的局部照明有助于营造亲切感。风味餐厅在照明设计上可采用具有民族特色的灯具，以突出室内的装饰特色。快餐厅照明应采用简练而现代化的形式。

图 7-22 酒店餐厅灯光营造梦幻的用餐氛围

五、酒店空间室内设计的注意事项

酒店作为具有综合性服务特点的企业，其室内功能布局不同于一般的办公或商业建筑。酒店要求从经营和顾客使用的角度进行室内空间的合理设计，使其既适应顾客需要，又符合经营管理的要求，满足人们的物质与精神生活需求。在进行酒店室内空间设计之前，规划和建筑设计已经完成，这就要求在室内设计过程中强化规划和建筑设计的优点，并尽可能地弱化或消除规划和建筑设计阶段存在的不合理问题。

酒店空间室内设计的注意事项包括以下几项：

1. 与酒店的规格档次及类型相适应

不同档次、不同类型的酒店，其设计要求差异很大，如三星级酒店和五星级酒店的标准不同，商务型酒店和度假型酒店的风格各异。了解酒店的档次定位，是进行室内空间设计的前提。

2. 与所在地的文化和民俗特色相一致

要研究酒店所在地的地域文化、民族特色、历史文脉等，尊重当地的生活方式与风俗，创造具有时代感和鲜明文化特色的酒店空间。

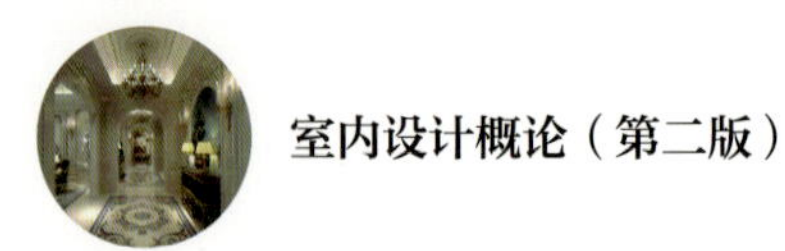

3. 与酒店建筑设计风格统一

室内空间设计是酒店设计的一部分，所以要和酒店整体的设计风格相一致，强化建筑设计特色，同时弥补其不足。

4. 要以消费者为中心，充分考虑消费者的多重需求

酒店的消费者除了有休闲需求外，还有商务需求，这两方面都需要注意。要合理分析酒店消费人群的个性需求，并尽量给予满足，这点在旅游型酒店和个性化酒店设计中尤为重要。

5. 要具有特色，个性鲜明

由于顾客在酒店停留的时间很短，所以只有形式感强、主题突出、具有个性的酒店设计才能让顾客流连忘返，并留下深刻的印象。

6. 注重环保、绿色、可持续发展的设计理念

酒店在选择装饰材料和施工工艺时，一定要考虑绿色、环保的元素，打造绿色、环保、节能的室内空间。

第三节 SECTION 3 大堂装饰设计

酒店大堂是门厅、总服务台、休息厅、大堂吧、楼（电）梯厅的公共区域，常和门厅直接联系或合二为一。大堂是顾客进入酒店的第一接触空间，也是顾客对酒店空间产生第一印象的地方。

一、大堂的设计原则

大堂的陈设应有鲜明的主题和独特的个性，以留给顾客深刻的印象。在大堂的陈设中不容忽略的还包括门厅、总服务台、休息厅、大堂吧等。酒店的中庭是整个酒店中最为生动的空间，在陈设布置上也是最为出彩的空间，可以根据空间大小安置较为大型的陈设品，如大型观赏鱼缸，有的高档酒店还会在大厅设置钢琴台或其他艺术展示形式。

大堂的设计原则有以下几条：

1. 大堂的面积应与整个酒店的客房总数成比例

面积过大的大堂会增加装饰及运营成本，而且会显得异常冷清，不利于酒店的经营。大堂的面积一般在建筑设计阶段就会考虑。做室内空间设计时，需要根据建筑划定的空间进行再次分割和功能定位，过大的大堂可以分隔一部分出来做工艺品展示或小商品销售等。

2. 大堂的装饰风格应与酒店的定位及类型相吻合

无论是哪一种类型的酒店，在室内装饰风格上都应与其自身的酒店定位类型相吻合，如度假型酒店应突出轻松休闲的特征，商务型酒店的商务气氛应更浓一些，个性化酒店的艺术氛围应更强烈一些。

3. 动线要合理，平面布置图是酒店设计的关键

酒店的通道分为两种动线：一种是服务动线，指酒店员工的后场通道；另一种是顾客动线，指进入酒店的顾客到达各区域所经过的路线。两种动线在设计时应严格区分，避免顾客动线与服务动线的交叉。动线混乱不仅会增加管理难度，还会影响前台服务区域的氛围。

4. 要把最佳的位置留给顾客，把无采光、不规整、不能产生效益的位置留给酒店后场

二、大堂的内部构成

大堂通常包括服务台、大堂副理办公室、顾客休息等候区、商品部和商务中心等（见图 7-23）。其中，服务台一般设在入口附近较为明显的地方；大堂副理办公室布置在大堂一角，以方便处理前厅业务；顾客休息等候区作为顾客进店、结账、休息之用；商品部出售物品；商务中心提供商务办公。

图 7-23 酒店大堂服务台及顾客休息等候区

三、大堂各区域的设计方法

1. 大门

现代酒店的大门设计应符合当地的气候条件、民众习惯、宗教信仰等。不同等级、不同经营特点的酒店大门，其大小、位置和数量是不同的，总体要求是醒目、宽敞，既便于顾客辨认，又方便人员和行李进出，同时还要满足人员消防疏散的要求，并能够显示酒店的独特标志或文化特色。大门要求能防风，减少空调空气的外逸，地面耐磨、易清洁且雨天防滑，夜间门厅的灯光应格外引人注目。酒店大门的种类分为手推门（见图 7-24）、旋转门（见图 7-25）、自动门（见图 7-26）等，可根据酒店的规格、类型等选用。

❶ 图 7-24　手推门
❷ 图 7-25　旋转门
❸ 图 7-26　自动门

一般酒店大堂用自动门，其一侧常设双开门以备不时之需。旋转门适用于寒冷地带的酒店，可防寒风侵入门厅，但通行能力弱，所以通常在旋转门的一侧或两侧加设双开门，以方便大股人流出入及疏散。近年来出现的全自动大尺度的旋转门可供双股人流同时进出。现代酒店大门常用的材料为玻璃，设计着重于门框、拉手、图案及四周实体墙的处理。

2. 门厅

门厅以宽敞、明亮为主格调，装饰摆设要体现当地特色。门厅的平面布局根据酒店的经营特色及空间组合的不同要求有多种变化（见图 7-27）。门厅的空间应开敞，使顾客对各个组成部分一目了然。其中，总服务台、行李间、大堂经理及台前等候属于一个区域，需靠近入口，位置明显，以便顾客迅速办理各种手续。休息等候区宜偏离主要人流动线，自成一体，以减少干扰。提供饮料服务的大堂吧则在门厅中形成一个有收益的区域。楼梯、电梯厅前应有足够的面积作为交通区域。

图 7-27　分区合理、功能明确的酒店门厅

酒店门厅装饰的重点是吊顶装饰。酒店大多采用悬挂式吊顶。吊顶装饰时，首先要注意材料的选择。用于吊顶的装饰材料应是不燃或难燃的材料，木质材料属易燃型，要做防火处理。其次，吊顶里面一般要敷设照明、空调等电气管线。如果为暗架吊顶，则要设检修孔，检修孔可选择在比较隐蔽、易检查的部位，并对检修孔进行艺术处理，譬如与灯具或装饰物相结合设置。最后，色彩丰富的彩花玻璃、磨砂玻璃做吊顶很有特色，但如果用料不妥，就容易发生安全事故。为了提高使用的安全性，在吊顶和其他易被撞击的部位应使用安全玻璃，如钢化玻璃和夹胶玻璃。

3. 大堂辅助设施

对于豪华酒店来说，大堂辅助设施必不可少，如行李和小件寄存间、衣帽间、珠宝或礼品店、花店、书店、邮政、银行、电话间、公共卫生间等。辅助设施布局应适当，不必过于暴露，切勿反辅为主。

豪华酒店的大堂必须体现高贵、典雅、华丽的气派（见图 7-28），地面和墙面宜用高级材料，色彩宜沉稳、洁净。大堂设计的成功与否有赖于空间造型、比例尺度、色彩构成、光照明暗、材料质感等诸多因素。

图 7-28 高贵、典雅、华丽的豪华酒店大堂

第四节 SECTION 4 客房装饰设计

酒店客房是顾客休息的场所，其室内空间设计一定要以顾客为中心，为顾客提供一个安逸舒适的休息环境，让顾客满意。

客房设计应根据不同等级和酒店类型，采取相应的设计手法和标准。目前国内多数酒店客房装饰形式大同小异。标准间客房室内设施基本是套式设计，即房间内满铺地毯，两张单人床，一个床头电源控制柜，还有写字台、行李柜、挂衣架、衣柜、休息座椅、茶几、电视机、壁灯、落地灯等，墙面多采用壁纸（布）饰面；卫生间有洗手盆、浴缸、坐便器等，墙壁用瓷砖饰面。等级不同的酒店其客房的主要差别在于施工工艺的粗细、材料选用的优劣及房间设施的齐全程度与质量。

一、客房的种类

1. 标准客房

标准客房是指放两张单人床的客房（见图 7-29）。

2. 单人客房

单人客房是指放一张单人床的客房（见图 7-30）。

3. 双人客房

双人客房是指放一张双人床的客房（见图 7-31）。

❶ 图 7-29　标准客房
❷ 图 7-30　单人客房
❸ 图 7-31　双人客房

4. 套间客房

按不同等级和规模，套间客房分为相连通的二套间、三套间、四套间等，其中除卧室外，一般设置餐厅、客厅、酒吧、办公或娱乐等房间，也有带厨房的公寓式套间（见图 7-32）。

图 7-32　套间客房

5. 总统套房

总统套房包括布置大床的卧室、客厅、写字间、餐厅或酒吧、会议室等（见图 7-33）。

图 7-33 总统套房

二、客房的功能分区及空间分析

客房内部一般分成三个区域：小走廊、卫生间和客房主体部分。

1. 小走廊

小走廊是客房外进入客房内的过渡空间，通常集合交通、衣柜、小酒吧等几个功能。当今小走廊的设计趋势更偏重强调交通功能，其他两个功能有所转移。为了突出客房的“大”，在这个过渡空间多采用“压”的方法：即让顾客先通过一段层高适当压低的过渡空间，这样进入客房主体部分后就会有一种豁然开朗的心理感受。所以，小走廊的净高通常会偏低一些，而净宽度要求在 1.1 m 以上。

房门后一侧通常做入墙式衣柜，应尽可能将衣柜安排在就寝区的一侧，以方便顾客，同时解决门内狭长空间容纳过多功能而造成的使用不便。在一些空间特别小的客房入口处也可以做衣柜，有的经济型客房连衣柜门都省去不装，只留出一个使用“空腔”放置行李，方便又经济。高档的商务型酒店的客房还可以在此增加进深约 30 cm 的理容整装台，顾客可放置一些零碎用品。

另外，顾客使用客房是从客房大门处开始的，小走廊宜将照明重点放在客房门处。门框及门边墙的阳角是容易损坏的部位，在设计上需要保护。另外，房门的设计应该与房内的家具及色调一致，门板上装有防盗链，门锁带插卡电控系统。特别要提示的是，房间内侧的门扇上要有消防疏散指示图，外侧要有房间号码。

2. 卫生间

卫生间可以分成干湿两个区，包括淋浴（浴缸）、坐便器和洗手台（有的酒店的客房卫生间还增加了化妆台）。卫生间设计最重要的原则是方便使用，干、湿区分割合理，流线设置顺畅，顾客使用方便、安全。其空间独立，风、水、电系统交错复杂，设备多，面积小，设计时应遵循人体工程学原理，多做人性化设计处理（见图 7-34）。

图 7-34 客房卫生间注重细节的设计处理

（1）湿区（包括淋浴、浴缸）

大多数顾客不愿意使用浴缸，浴缸本身也带来荷载增大、投入增加等诸多不利因素，除非是酒店的级别与客房的档次要求配备浴缸，否则可以用精致的淋浴间代替，以节省空间，减少投入。淋浴间要求封闭，顾客洗澡时水不能溢到外面；地面防滑，排水通畅且地下排水口隐蔽；浴液盒的大小、位置、高度等要特别计算顾客在淋浴间动作所需的基本空间，依照人体工程学的要求来设计。

（2）干区（包括坐便器和洗手台）

台面与化妆镜是卫生间造型设计的重点，要注意面盆上方的照明和镜面两侧或单侧的壁灯照明，两者最好都不缺。由于洗手台上要放置一些日常洗手洗漱用品，所以其长度最好不要小于 1 m。坐便器区域要求通风、照明良好，最好是将其隔成一个独立的小空间，单独设门，这样当卫生间的墙体改为移门后，坐便器的私密性依然良好。

3. 客房主体部分

客房主体部分包含三大功能：睡眠、起居和工作。其中，普通客房的三大功能在一个房间内实现（见图 7-35 和图 7-36），而套间客房则把睡眠区和起居、工作区分设在不同的房间（见图 7-37 和图 7-38）。

图 7-35 客房睡眠区

图 7-36 客房起居区

图 7-37 套房起居区

图 7-38 行政套房睡眠区与起居空间完全分开

在睡眠区，无论是大床还是双床，最重要的是床背板和床头柜的设计。无论其形式上和材料上有怎样的变化与创新，都要与写字台的款式和材料吻合。一般情况下，床垫的设置较为中性，不软不硬，垫子的弹性要好。

在休闲度假型酒店中，写字台不应特别正式，摆放的位置不能太显眼。但在城市商务型酒店的客房陈设中，工作区的写字柜台把电视机、音响（大多数的五星级酒店客房将音响与电视机连接，其效果更佳）、写字台、小酒吧、保险箱、行李架组合在一起，把过去的单件组合成一个整体。写字柜台因尺度偏大，所以其款式、材质、颜色决定了整个房间的装饰风格。写字柜台的陈设方式也从老旧的“面壁书写”发展到如今的“面向房间书写”。

客房内的起居功能设计如今更多地强调“商务”这个立意，沙发的布艺颜色、材质可以别出心裁地与房间内的其他布艺大不相同。客房要将睡眠、工作、起居几大功能综合起来设计，在其中应容纳 1 ~ 4 人，可同时进行几项活动。设计师通过技术处理将一些功能区分隔或合并，来增加客房对不同顾客的适用性。

三、客房的家具、设备

在客房中除了固定家具（如衣柜、酒水吧、洗手台）之外，更多的是活动家具和设备。

1. 客房的基本活动家具

（1）床：两张 1.35 m × 2 m 小床，或一张 1.35 m × 2 m 床 + 一张 1.5 m × 2 m 床，或一张 1.8 m × 2 m 大床。

（2）床头柜：1 ~ 2 件，基本尺寸为 500 mm × 600 mm × 500 mm，并装有电视、音响及照明等设备开关。

（3）写字台、电视柜、行李架或三个功能连体的写字台，长度在 3 m 以上。

（4）写字椅：1 ~ 2 件。

（5）沙发：1 ~ 2 件或躺椅 1 件。

（6）茶几：1 件。

（7）化妆凳：1 件。

2. 客房的设备

客房的设计中除涉及给排水、强弱电、空调暖通、消防报警等专业的设备之外，顾客直接使用的设备如下：

（1）冰柜或电冰箱：部分客房会配置，为顾客提供更舒适的服务。

（2）电视机：最好是 37 英寸（939.8 mm）以上的薄型电视。

（3）保险柜。

（4）音响。

（5）电话、电源插座、网络接口。

（6）电水壶。

（7）可能的条件下，设置台式计算机或配备可租借给顾客使用的笔记本电脑。

（8）照明设施：含床头灯、落地灯、台灯、夜灯和在门外显示“请勿打扰”照明等。

3. 卫生间的设备

（1）淋浴器：带有水流调节系统和水温调节系统的水龙头。

（2）浴缸：尺寸不小于 1.5 m × 0.78 m，有冷热水龙头，并带有手持淋浴喷头。

（3）洗手盆：装有洗脸盆的梳妆台，台面上装有镜子，洗脸盆上有冷、热混水龙头一个。

（4）坐便器：最好是低噪声旋涡式连体水箱，旁边配卫生纸卷筒盒。

（5）毛巾架、浴帘杆、浴巾架、肥皂盒、厕纸盒、漱口杯架、漱口杯、电吹风、书报袋、SOS 求救按钮、晾衣绳等。

（6）星级高的卫生间要将盥洗、淋浴、坐便器隔离设置。

四、客房设计中的色彩运用

酒店客房的室内空间设计要符合顾客的感觉和视觉需求。客房对于入住的顾客来说是个暂时的私人空间，因此客房要给顾客带来家的温馨。客房一般以中性色调为主，在色彩的使用中要因地制宜，如寒冷地区的房间可以装饰成暖色调（见图 7-39），而炎热地区的房间可以装饰为冷色调（见图 7-40）。同时，色彩的选择要考虑当地的风俗习惯和传统文化。

图 7-39 暖色调客房

图 7-40 冷色调客房

第五节 SECTION 5 其他功能空间设计

一、宴会厅

1. 宴会厅的组成

宴会厅的主要功能是举办大中型庆典活动，它由大厅、门厅、衣帽间、贵宾室、音响控制室、家具储藏室、公共化妆间、厨房等组成。

宴会厅要设前厅，便于会议或宴会开始前的聚集、中场休息及结束后的疏导。前厅内还要有面积较大的卫生间，衣帽间也要有足够的空间。有些宴会厅还配有 VIP 休息室、小包间、演员化妆间等，以满足不同的使用需求（见图 7-41 和图 7-42）。

图 7-41　宴会厅大厅

2. 宴会厅的设计要点

（1）主题应明确

要根据餐厅的不同功能和规模确定宴会厅的主题，如中餐厅、西餐厅、民族餐厅各有其不同的特点和要求。

（2）地方文化特色要鲜明

图 7-42 宴会厅包间

在宴会厅总体风格和细节处理上，都要重点发掘地方特色元素，如色彩的选择、装饰图案的运用等。

（3）细节设计围绕主题，与整体风格契合

着重考虑大门、柱子装饰，舞台造型等重点区域；布草颜色的搭配要协调，与整体风格一致。

（4）整体感觉和谐、有美感

宴会厅的顶棚、墙面、地面、舞台、桌椅、灯具等设计的整体风格要协调统一、美观庄重。

（5）要装备现代化的影音和灯光设备

宴会厅设计时需要预留足够的管线，保证场内所有区域的视听效果，音控室应能看到宴会厅内的舞台。

（6）注意新型装饰材料的应用

如环境噪声的控制，新型灯具的采用，新型保温隔热材料的运用，在公共空间中使用防止墙面、地面凝结水的材料。

3. 宴会厅的动线设计

（1）宴会厅会在短时间内产生大量且集中的人流，因此最好有其单独通往酒店外的出入口。该出入口与酒店住宿人员的出入口分离，并相隔适当的距离，且尽量靠近停车场，避免与酒店的大堂交叉，以免影响大堂的日常工作。

（2）宴会厅顾客动线与服务动线要区分明确，避免交叉。宴会厅和厨房、储藏室之间的服务动线的布置必须与顾客动线完全分离。顾客使用宴会厅时不能直接看到后勤部分，通常在通往服务区的门处做错位处理或走道做转折处理。

（3）顾客的出入口不宜靠近舞台，而应设在大厅的侧边或后面，这样不至于因顾客的出入而影响舞台（主席台）的活动。

二、会议室

会议室是现代酒店的必备空间，主要承接一定规模的会议及各种文化、商贸活动。会议室的数量和规模要参照酒店的客容量、性质特点和使用要求而定。多数情况下，小型会议室较多，且与客房距离较近，为会议讨论或商务谈判提供方便。大、中型会议室应尽量避开客房区，以免相互影响和人流杂乱。

1. 会议室的分类

会议室按照面积大小通常可分为大型会议室、中型会议室和小型会议室三种。

（1）大型会议室

大型会议室的面积在 100 m^2 以上（见图 7-43）。

图 7-43　大型会议室

（2）中型会议室

中型会议室的面积在 80 m^2 左右（见图 7-44）。

（3）小型会议室

小型会议室的面积在 50 m^2 左右（见图 7-45）。

❶ 图 7-44 中型会议室
❷ 图 7-45 小型会议室

2. 会议室的设计要点

会议室的设计应力求庄重大方、宁静清雅，线条简洁明快，色调和谐统一，在此基础上应追求一定的现代感，但无须追求奢华。吸声处理主要运用在墙面或顶部，地面摆放桌椅，一般不需要做吸声处理。此外，室内应有充足的光照度，会议桌椅要舒适，室内的步行通道要通畅。对于大型会议室，特别是高级会议厅，还需要配备先进的声像设备、摄录和投影电视设备、幻灯机和投影仪、电影放映设备、音响系统和调光系统等。

会议室的位置和出入口应避免使用时的人流动线与酒店内部客流动线相互干扰，会议室还要求设有消防设备与紧急安全通道。会议室附近应设计盥洗室。多功能会议室应能灵活分隔为可独立使用的空间，并且应有相应的设施和储藏间。

三、康乐中心

酒店内的康乐中心通常包含健身设施和娱乐设施。

健身设施包含健身、桑拿、游泳等项目（见图 7-46 和图 7-47），通常这些项目可以设置一个共同的出入口。健身部分设计成开敞空间，可以烘托运动主题。更衣和洗浴

❶ 图 7-46　健身房
❷ 图 7-47　室内游泳池

部分应同时对健身和游泳项目开放。考虑到顾客的安全和酒店休闲的特性，游泳池一般采用戏水池的形式，水深 1.2 m 左右，室内照度应能够结合室外自然光射入量和使用人数进行控制。游泳池周边要有一定面积的休息空间，还要配置一定的绿化面积。更衣室除了要考虑防滑、私密性等要求外，还要考虑顾客的年龄、身高等特点。

娱乐设施主要包括舞厅、KTV 包间、台球室、电子游艺室等（见图 7-48 和图 7-49）。娱乐设施应安排在距离客房较远并靠近餐饮区的位置，避免影响顾客休息和人员流动的混乱。KTV 包间一般设置在舞厅周围的房间，与舞厅形成相互联系的统一整体，是顾客小范围的娱乐空间。娱乐设施的装饰处理宜简洁明快、富有特色，体现高雅的情调。

图 7-48 KTV 包间

图 7-49 台球室

四、商务中心

商务中心（见图 7-50）大多位于大厅一角，主要为顾客代购机票、办理托运、提供传真服务等，内设半开放的工作区，便于顾客上网。商务中心为顾客提供一系列的配套服务以支持会谈讨论、阅读书写、计算机通信等各种商务活动，其设计重点是与酒店整体风格相符，同时方便顾客使用。

图 7-50　商务中心

五、酒店室内交通空间

酒店室内交通空间主要指走廊、过厅、回廊、楼梯等。它是连接酒店内部各功能区、各房间和不同层高建筑空间的人行区域，是贯穿整个建筑内部空间的交通设施。交通空间具有明确的功能作用，是室内设计中不可忽视的重要环节。

走廊的特点是狭长且缺少变化，容易产生单调感，因此设计上应做一定的艺术处理，注意既不能过于华丽复杂，也不宜过于简单呆板，如在墙壁上利用装饰线条进行艺术处理，或利用字画和灯光进行点缀。走廊设计要求有充足的光照度、统一和谐的界面装饰、清新淡雅的色调和明确的导向指示。

楼梯是连接不同建筑标高的交通设施。在许多环境中，楼梯常常是空间装饰的主角。如酒店大堂楼梯在整个空间中往往成为视觉焦点，因此必须着重考虑、精心设计。楼梯的造型、选材及护栏装饰和细部处理须与周围环境的设计风格协调，在此基础上进行大胆创新，使其真正起到画龙点睛的作用。

电梯厅（见图 7-51）是一个过渡空间，一般较小，布置的家具不能影响人的活动流线。同时，为了缓解顾客在等待电梯过程中的焦虑，一般会在电梯端头安排景台或布置挂画等一些装饰性较强的物品，并配以明亮的灯光来吸引顾客的注意，充分体现陈设品设计的心理影响。

图 7-51 电梯厅

思考与练习

1. 简述酒店在国外和国内各自的发展历史和阶段。
2. 酒店按照不同分类标准都有哪些类别？
3. 酒店室内空间由哪些区域组成？
4. 酒店大堂包含哪些部分？简述各自的功能。
5. 酒店客房包含几个区域？各自的功能是什么？

技能训练八　分析酒店空间的功能分区及设计要点

训练目的

学会区分不同的酒店空间，对于不同空间的特征有所了解。

训练场所与组织

参观不同的酒店，准备好相机等收集素材，能够说明酒店不同的功能分区及设计要点，可以三人一组或自由组合。

训练设备与材料

多媒体设备、现场照片、效果图。

训练内容与方法

学生收集→师生交流→教师讲评→分组进行讲、听、评与考核→训练总结。

工作任务

分析酒店不同室内空间的特点，了解平面功能的划分，能独立分析酒店空间各功能分区及设计要点。

第八章

商业综合体室内设计

学习目标

◆了解商业综合体的概念和基本功能。

◆掌握商业综合体公共空间设计的主要内容。

◆掌握商业综合体主要商业空间的设计要点。

本章思维导图

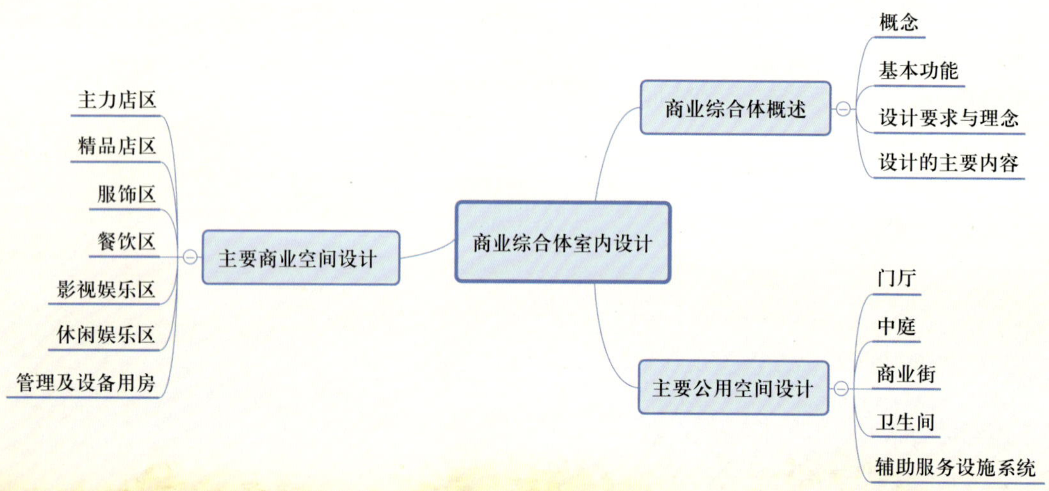

商业综合体室内设计
商业综合体概述
概念
基本功能
设计要求与理念
设计的主要内容
主要公用空间设计
门厅
中庭
商业街
卫生间
辅助服务设施系统
主要商业空间设计
主力店区
精品店区
服饰区
餐饮区
影视娱乐区
休闲娱乐区
管理及设备用房

商业综合体是市场经济和消费文化发展到一定阶段的时代产物。它的产生在社会层面满足了人们高效率、高情感、享受化、多样化和连续性的消费要求，在经济层面满足了房地产开发投资在商业领域的发展，在城市建设层面满足了城市现代化景观和商圈服务的要求。商业综合体充分体现了现代都市化生活的特点和需要，更是日常生活中人们经常选择的消费目的地。

第一节 SECTION 1 商业综合体概述

一、商业综合体的概念

商业综合体是指将城市中的商业、办公、居住、酒店、展览、餐饮、会议、文娱和交通等城市生活空间的三项以上进行组合，并在各部分之间建立一种相互依存、相互助益的能动关系，从而形成一个多功能、高效率、复杂而统一的综合体。

商业综合体适合经济发达城市，在功能选择上要根据城市经济特点有所侧重。一般来说，购物中心、酒店或者写字楼是其最基本的组合。

商业综合体是集综合购物、文化娱乐、餐饮美食、美容美发、商务办公、公寓居住等各类商业活动于一体的大型建筑综合体，是以综合商业功能为主的城市综合体。当商品经济和消费文化发展到一定阶段时，商业综合体首先在城市商业密集区域或地段产生形成，进而延伸至城市居住区等其他商圈具备要素和潜力价值的区域。我国主要的大中型城市都相继出现了具有商业综合体特征的建筑项目（见图 8-1 和图 8-2）。

图 8-1 无锡万象城

图 8-2 成都华润万象城

商业广场（见图 8-3 和图 8-4）从本质上讲也属于商业综合体。商业综合体和商业广场都是大型多功能的综合性建筑，都以其颇具特色和风格的建筑设计、空间布局、环境营造、主题设置、运作理念和现代管理模式等成为当代商业地产和社会消费的热点。

图 8-3 商业广场（一）

图 8-4 商业广场（二）

商业综合体基本包含综合购物、餐饮小吃、文化教育、游戏电影、健身美容、商务办公等，仅购物而言也是丰富多样的，如百货店、超级市场、便利店、专业市场、主题专卖、购物中心等。商业综合体的最大特点是集一站式消费、体验式消费和商务为一体。现代商业综合体内商业模式的突出特点是“体验式商业”，即注重人们在消费过程中的参与、体验和感受，并对建筑空间环境、综合氛围等都有很高的要求。

二、商业综合体的基本功能

1. 展示性

展示性是指对商品进行合理的、有重点的陈列和展示。商业综合体的空间展示还包括各种形式广告的发布、POP、舞台上动态的表演等有关商品自身及附加信息的传达，目的是通过多种展示形式激发顾客的消费心理。

2. 服务性

商业综合体提供各种有形或无形的服务，包括购物、休闲、餐饮、美容、咨询、汇兑、寄存、停车、修理等多种服务。

3. 休闲性

商业综合体提供甜点茶饮、儿童游乐、电子游戏、运动休闲、影院剧场等环境条件，在服务的同时或多或少伴随休闲的性质，引导顾客休闲愉悦、放松身心。

4. 文化性

无论是商品陈列还是娱乐活动，其本质都是文化活动，任何商业活动无不反映一定的群体意识。商业活动场所是大众传播信息的媒介，具有不可忽视的文化性。

5. 人性化

商业综合体应创造购物条件及舒适、方便、安全、美观的环境等，以满足消费者心理和生理需求。

三、商业综合体的设计要求与理念

1. 整体性要求

商业综合体由于体积比较庞大，在城市景观中具有较强的感染力，所以在实际设计中必须考虑城市规划和城市景观的实际要求，同城市地域文化有效协调和联系，有效融入具有地方特色的文化内涵。商业综合体的内部和外部环境也要协调一致，内外融合，以体现自身的特色和要求。

2. 总平面设计要求

商业综合体一般设置大型城市广场（3 000 ~ 10 000 m^2）。大型城市广场应结合城市主要交通道路设置，其他广场结合步行街入口设置。商业综合体总平面的设计遵循“交通优先、功能分区、突出商业、公共空间”的原则。

3. 环境设计要求

在满足城市规划要求的基础上，为了吸引人流和满足商业活动、城市交通的要求，商业综合体的外部形象要突出。商业综合体外部一般都设有休闲广场、喷泉、休息座椅等景观要素，能够为城市景观增添光彩，也可以满足人们和城市对建筑外部环境的要求，体现时代特征和消费主张。

成功的商业综合体都在该地段或区域具有地标性作用，并能成为城市的亮点。

4. 人性化设计理念

商业综合体以为人服务、促进消费、提高生活品质为出发点，这就要求其在设计中以人为本、以人的体验感受为出发点，为顾客创造一个舒适、愉悦的购物环境，营造丰富的购物体验和舒适的消费过程。

5. 商业目标理念

商业综合体要满足地产开发和经营管理的经济目标要求，即在满足城市和区域整体性和人性化要求的基础上，实现商业经营目标。

四、商业综合体室内设计的主要内容

1. 创意与风格设计

创意与风格设计是指整体设计中要具有创新意识，明确设计构思的前提条件，体现现代企业的个性特点、经营理念、营销方式、顾客购物倾向等。商业综合体的室内设计应满足不同商业空间的个性化、品牌化要求，在空间效果和环境特色上都应充分展现商家的个性化、品牌化和差异化，以更好地实现各自的商业经营目标。

整体的艺术风格设计是指店面、橱窗、界面、道具、标识等综合性的造型设计。商业综合体根据经营性质、商品的特点和档次、顾客的构成、商店形象外观、地区环境等因素，来确定室内设计总的风格和格调，构思综合文化元素、材料选用、造型色彩、设备照明等因素，形成有文化、有特色、有美感的商业空间。

2. 空间组织与功能布局

商业综合体的中庭、走廊、休息厅等内部公共环境往往体现自身建筑的特点，是商业要素和文化特色集中展示的区域，是人们休闲消费的重要场所，对于内部空间转换、功能组织都有着重要的作用和意义。

商业空间组织涉及承重墙之间与柱网之间宽窄的间距，以及中庭设置营业空间层高的高低等方面，这些已在建筑结构设计中确定。室内设计是对商业空间的再创造和二次划分。商业综合体的空间布局组合形式有顺墙式、隔墙式、岛屿式、斜交式、放射式、开放式及自由式等。

在营业空间中，常以局部地面升高（以可拆卸拼装的金属框架和地板面组成）或几组灯具形成特定范围的局部照明等方式构成商品展示的虚拟空间，还可以采用隔断、休息椅、绿化等手段进行空间组织与划分。商业综合体的空间组织与功能布局要以顾客的购物行为为核心，以提高商业的经营效益为前提，最大可能地发挥商业空间的作用。

3. 空间导向与动线组织

商业综合体的内部空间变化丰富，商业分区多，因此对其空间导向与动线组织的要求更高。

空间导向是指以诱导和激发顾客消费为目的，运用空间划分、界面处理、设施布置等手段，使顾客更加关注相应的商品及展示路线与信息。商业空间进行视觉引导的方法有：①从顾客进入营业厅开始，设计者需要在顾客动线的进程、停留、转折等处，从设计构图中心选择最佳景点，设置商品展示台、陈列柜或商品信息标牌等；②通过营业厅地面、顶棚、墙面等各界面的材质、形态、色彩及图案的配置等引导顾客；③采用系列照明设计，运用光色、光带、标志等设施进行引导；④通过柜架、展示设施等的空间划分，使顾客能关注重点展示台与陈列处的商品。

动线组织对商业空间的整体布局、商品展示、视觉感受、通道安全等都极为重要。动线组织首先应考虑出入口的位置、通道和楼梯的数量与宽度及防火和安全疏散要求，其中出入口与垂直交通之间的相互位置和联系流线对客流的动线组织起决定作用；其次要考虑顾客如何通畅地浏览及到达拟选购的商品柜，尽可能避免单向折返与死角。空间内应使顾客动线流畅，工作人员服务方便，防火分区明确，通道、出入口通畅，并符合安全疏散的规范要求。

4. 照明设计

商业综合体除了尽可能采用自然采光外，大部分商业空间由于进深大，所以主要依靠人工照明。人工照明主要包括环境照明、局部照明和装饰照明等。

（1）环境照明

环境照明是基本照明，即给商业空间环境以基本的照度，形成整体的空间氛围，以满足通行、购物、销售等活动的基本需要。通常把光源均匀设置于顶棚或上部空间，或有节奏地布置于商业空间通道及侧界面附近。环境照明应与室内空间组织和界面线型等处理紧密结合。

（2）局部照明

局部照明也称重点照明、补充照明，其目的是加强展示商品的吸引力和挑选商品时的审视照度。商业空间局部照明常采用投射灯或内藏式光源直接照明，也可采用便于滑动、能够改变光源位置、方向的轨道灯照明，以充分展示商品的特色和吸引力。

（3）装饰照明

通过光源的色泽、灯具的造型与商业空间中装饰的有机结合，可营造富有魅力的购物环境，激发顾客的购物意愿，表现环境或展示个性与特征。室内装饰照明可采用彩灯、霓虹灯、光导灯、发光壁面等。商业空间中装饰照明的设置在照度、光色等方面需特别注意，不得影响顾客对商品色彩、质地、光泽的挑选，除了附设的餐饮、娱乐等部分的照明处理可以具有自身的特点外，装饰照明的使用必须与整体风格、氛围相协调。

商业空间除了上述几种照明外，还应设置遇突发停电等事故时可继续营业的事故照明和供火警及紧急事故发生时安全疏散的应急照明。

5. 视觉设计

商业空间常以企业形象系统设计（CIS）、视觉设计（VI）等手段促进商品推销。商业空间的室内设计总体上应以消费者为中心，提高商品和服务的注目率，突出商品特性，展示表现主题，激发顾客购物欲望。商业空间室内设计的手法应是以环境衬托商品，即环境是商品的“背景”，应努力创造祥和的购物环境和更加热烈的消费气氛。

第二节 SECTION 2 主要公用空间设计

在商业建筑中，入口、橱窗、店面的造型、色彩、灯光、招牌、标志等元素是展示建筑环境特色和商业店面形象的重要部位，能达到促进销售、文化展示、推广品牌的目的。商业综合体的公共空间一般有门厅、中庭、商业街、卫生间、辅助服务设施系统等。

一、门厅

商业综合体的门厅是人们进入建筑内部的第一感受和印象，是展示品牌、营造商业氛围的重要节点。

1. 门厅的作用与要求

（1）门厅是建筑内部的交通枢纽，是组织内部空间秩序的起点，起着疏导交通、引导客流的重要作用。这就要求门厅要有足够大的空间面积，可容纳暂时停留的消费者；要有清晰的指示牌、导购牌等设置，以引导和疏散人流，如图 8-5 和图 8-6 所示。

图 8-5 西安大明宫万达广场

图 8-6　上海临港万达广场

（2）门厅还具有展示企业文化和商业品牌、强化商业氛围、融合地区文化的重要作用。这就要求门厅空间要能够满足一定的商业宣传、文化展示、广告营销等活动需求。

（3）门厅要具有良好的休闲环境特点。这就要求门厅与环境、绿化设计（见图 8-7）有良好结合，能够形成亲切宜人、优雅时尚的商业氛围。商业综合体的门厅有通过式和内庭式两种。通过式门厅主要解决入口处的交通组织和人流疏散问题，一般面积不大，层数一至两层。内庭式门厅除了解决建筑的交通问题，还具有商品展示与宣传、节假日文化活动、休息等待等作用。内庭式门厅面积比较大，高度比较高，空间效果和层次都比较丰富。

图 8-7　某商业综合体门厅绿化

2. 门厅的设计要点

（1）门厅的大小要与商业综合体的客流量规模相符合

商业综合体往往有多个门厅，每个门厅的作用和要求不一样。门厅的作用和大小同其出入口的性质密切相关。商业综合体主入口处的门厅是最重要的，主入口处的门厅往往具有交通疏散、商业宣传、休息等待、重要商品展示、文化宣传体验（尤其是节假日）等多重作用，这就要求门厅具有较大的建筑面积和空间效果。次入口的门厅一般只具备交通引导疏散和休息等待的作用，因此其面积相对较小些。

（2）门厅的平面形态要多样

考虑商业宣传、商业展示等活动要求的内庭式门厅一般要有平面的“焦点”。门厅的平面形态应体现建筑特色，并同商业宣传、主题活动、营销方式等联系起来。

（3）门厅的空间层次要丰富、竖向效果要突出

内庭式门厅是商业综合体常见的门厅设计形式，其特点是竖向效果突出，空间层次丰富，以满足多种商业文化活动的需要。

（4）门厅的材质、色彩搭配要适度

门厅是顾客过往、休闲、内部形象展示的重要空间，其材质、色彩、灯光等的设计一定要考虑相互的关系，搭配要适度。

（5）门厅要合理利用喷泉、铺装、瀑布、植物等环境素材

为了突出以人为本，塑造丰富的购物体验环境和舒适的休憩环境，商业综合体、商业广场的门厅都会采用环境设计的手法和素材，引入喷泉、瀑布、花卉植物、雕塑小品等营造自然、艺术的景观环境，如图 8-8 所示。

图 8-8 门厅的绿化、小品布置

二、中庭

商业综合体的中庭是商业环境中非营业性的开放空间。它具有较舒适的休闲环境，集游乐活动、文娱设施、文化展示于一体，是商业综合体内部环境中最为欢乐愉悦的场所，也是顾客休闲的主要空间。一般中庭设在步行街的转折处、入口处。中庭的平面尺度有两个，要分主次，大的 500 ~ 700 m^2（开洞面积），小的 300 ~ 400 m^2（开洞面积）。中庭的间距大约为 80 ~ 100 m。

1. 中庭的作用和特点

中庭是商业综合体的公众活动空间。它对于活跃空间气氛、组织和丰富空间层次、调节空气流通、提升整个商场的空间质量和档次无疑具有非常积极的意义。

中庭的作用有以下五点：

（1）丰富空间层次，强化商业气氛

通过中庭可以浏览各种广告宣传和来往的人流，将整个空间尽收眼底。通过中庭丰富的空间层次、大幅的广告、川流不息的人群形成视线流动的购物引导，丰富购物环境的气氛（见图 8-9）。

图 8-9 某商业综合体中庭

（2）形成交通枢纽，组织空间秩序

商业综合体一般都会围绕中庭组织横向和竖向交通，人流在此处交汇。如日本横滨皇后广场从地下三层到地上四层的巨大中庭空间中心地带，其周围除了布置专卖店外，地下四层至五层还预留了地铁站。

（3）强调生态绿化倾向，形成舒适空间

生态绿化主题被越来越多地运用在商业空间设计之中，植物、花卉、小桥流水等优美景观被引入商场的中庭，给人一种亲切而又回归自然的感觉，使顾客流连忘返。

（4）宣传企业品牌，美化商场形象

中庭属于公共空间，可有效地展现企业文化，注重以人为本，吸收文化养分，提高企业内涵，美化企业形象，以此来营造雅俗共赏、老少皆宜、文明经商的文化氛围，塑造商业综合体的整体形象。

（5）组织多种活动，增加休闲空间

在目前的商业综合体建筑和装饰设计中，不论是中庭还是前庭，都被尽量用作消费者的休闲广场，同时也是展示企业文化的良好舞台，形成商业综合体内部的“广场文化”。

中庭的一般特点：空间的轮廓清晰明确，空间的尺度比例适宜，具备整体感。商业综合体的空间比例尺寸要统一，尤其对外合围中庭，更要注重空间的轮廓和尺寸，避免给人一种分散、杂乱的感觉。

2. 中庭的设计要点

（1）必须处理好空间的围、透关系，使中庭具有良好的景观视野，充分利用外部通风、采光和景观条件。中庭的采光天棚及步行街的采光廊应进行节能设计，设置电动遮阳装置，以减弱大型建筑体内部空间给顾客带来的不良心理反应和生理影响，如图 8-10 所示。另外，中庭的采光天棚还可考虑安装 LED 电子屏。

（2）中庭的流通特性要求中庭有明确的导向性，滞留空间要有较好的凝聚性和围合感。顾客在范围广阔尤其是多核心或多端点的商业综合体内部环境中，方向感经常会变弱，因此中庭设计时要强调空间组织的导向性，使顾客产生认同感和归属感。

（3）在空间设计时尽量把握各个层次的形状和高度的差异性，避免同质化，给人以新鲜感，营造各层次不同的特色或主题，使得商场更具有流动

图 8-10　徐州云龙万达广场中庭

性和观赏性，如图 8-11 所示。

（4）商业综合体体量大、人流集中，消防疏散问题尤其重要。在进行商业空间内部环境的设计时，必须严格执行商业建筑设计有关的防火规范。

图 8-11 正佳商业广场

三、商业街

商业综合体的商业街是整合、联系内部各功能的交通空间，一般为步行系统，其类型主要有室外步行街、室内步行街及复合式商业街。

步行街的长度以 280 ~ 350 m 为宜，走道净宽宜 4 m，“桥”的净宽宜 3.5 m，中庭周围走道净宽可适当加宽至 5 ~ 6 m。步行街两侧店面之间的宽度为：首层 10 ~ 11 m，二、三层 16 ~ 17 m。步行街采光顶的开口宽度应较下层开口两侧各扩大 800 mm。

1. 商业街的分类

（1）室外步行街

室外步行街（见图 8-12 和图 8-13）一般街道宽阔，可以协调布置长椅、饮水站、水池及雕塑、喷泉、树阵等室外景观要素，形式多样，受室外自然环境影响较大，不适合实现全天候运营。

图 8-12　室外步行街（一）

图 8-13　室外步行街（二）

（2）室内步行街

室内步行街利用屋顶（一般是采光顶）或者楼层遮盖，可避免气候影响，宜实现 24 小时全天候运营（见图 8-14 至图 8-16）。室内步行街一般围绕中庭来组织，也可以单独组织。室内步行街与商业联系紧密，能协调布置景观环境，形式多种多样。其剖面一般以二至三层为最佳。

❶ 图 8-14　室内步行街（一）
❷ 图 8-15　室内步行街（二）
❸ 图 8-16　室内步行街（三）

（3）复合式商业街

复合式商业街规模庞大、功能复杂。大型商业综合体内部的交通流线大多是“内庭 + 内街”的组织形式，是一站式消费的主要组织空间，具有很强的流动性。好的商业综合体内街是集商业展示、交通组织、娱乐休憩为一体的综合空间。

2. 室内步行街的特点

（1）若为三层室内步行街，其第三层的业态规划以餐饮业态为主，可重点布置具有当地餐饮美食文化特色的餐饮业态。如果有重油烟餐饮业态，则必须放置在第三层，以减少其对第一、二层的影响，并尽量高空排放。

（2）室内步行街的中庭附近及其他层的端部等部位根据具体情况可布置轻油烟的餐饮，如快餐、甜点、饮品等餐饮业态。

（3）室内步行街由围合立面、地面、顶棚及步行街中的立体景观（如树木、雕塑等）等要素组成，其界限模糊性、过渡性的特点比较突出。同时由于商业营销和宣传的要求，室内步行街的空间要素众多，风格多变，色彩丰富。

（4）室内步行街的采光廊应考虑广告装饰物的安装，需要预留一定数量的吊挂件。

（5）室内步行街在设计中应考虑景观要素及商业文化的宣传和导向性，既要有人造物质景观，又要有很强的商业景观效果。

（6）一般步行街的出入口设双层门，并设风幕，不宜设门帘。步行街主要以电动扶梯和观光梯来组织人流的垂直交通，其设置的一般原则是：在步行街的主入口 10 m 左右距离设第一组扶梯，扶梯的间距控制在 45 ~ 70 m；步行街内的扶梯必须有一部通往地下停车场，以便将人流直接引入步行街；扶梯应靠洞口一侧并平行布置。观光梯在中庭设置，以 2 ~ 3 部为一组；观光梯轿厢要做成全透明式，井道为钢结构；观光梯也应通往地下停车场，并在停车场设置通透玻璃候梯厅，候梯厅需设计安全栏杆及空调。步行街的货梯（客货梯）一般间隔 80 ~ 100 m 设一组，载重量为 1.6 ~ 2 t，货梯可与主力店合用（百货宜单独设置）。

四、卫生间

根据步行街的长度不同，商业综合体一般设 3 ~ 5 处卫生间，卫生间间距 80 ~ 100 m，面积 70 ~ 100 m^2。为确保设备竖井的贯通，各层卫生间都应布置在相同位置，注意避免从入口处直接看到卫生间。每处卫生间的蹲位设置，男卫生间不少于 3 个，小便池不少于 3 个，女卫生间不少于 6 个。女卫生间常附设休息室、化妆间、婴儿室等。卫生间应把盥洗间与厕所分开设置，公用洗手盆不少于 3 个，要避免从其他空间直接看到化妆间或小隔间。残疾人的无障碍卫生间设计还应充分考虑使用者到达卫生间前可能受到的流线干扰，以及紧急时刻的安全对策等。由于公共卫生间为多数非特定人群所使用，所以设计的重点是确保安全和方便卫生清洁。

五、辅助服务设施系统

辅助服务设施系统除了播放背景音乐和渲染购物气氛外，还可以适时宣传商店和商品；另有中心监视系统为安全人员提供火警、盗警等信息。

第三节 SECTION 3 主要商业空间设计

商业综合体的主要空间是指商品购物、文化消费、餐饮娱乐等功能区空间。主要商业空间的风格形式多样，主要由其品牌自身文化和特色所决定。

一、主力店区

主力店基本设在步行街开口处，设置的原则是主力店单边与步行街相接的开口为一处，双边与步行街相接的开口处不超过两处，一般不在中庭设主力店开口，主力店的开口位置尽量设在步行街的尽端部，以带动整个步行街的人流。非零售型业态（如影院、KTV、网吧等）的开口一定要和其入口大堂结合，开口尺寸为6 ~ 8 m。

二、精品店区

精品店（见图8-17）的基本单元进深宜为8 ~ 16 m，面宽宜为8.4 m，主要有首饰、化妆品、手表等商业区。由于此类商品属于非刚性消费，商品利润较高，所以一般位于商业综合体较低层的商业区。精品店区除了品牌形象自身特点要求的颜色、logo、符号外，共同的室内环境应整体高档大气、富有鲜明的时代气息。

图 8-17 精品店

三、服饰区

商业综合体内部的服饰区具有一般服饰专卖店、专卖商场的特点（见图 8-18）。

图 8-18 服饰区

四、餐饮区

现代商业综合体是实现一站式消费的综合建筑，餐饮服务是必不可少的。商业综合体里的餐饮区有两种形式：一种是多位于底层和其他楼层零散的小规模、快餐品牌店，如肯德基、麦当劳、具有地方风味特色的快餐式店铺等；另一种是位于商业综合体地下层或顶层的集中餐饮城（见图 8-19）。前者的室内环境装饰风格由品牌要求决定；后者的室内环境往往统一设计，与商业综合体的整体风格协调一致。

图 8-19　美食广场

五、影视娱乐区

现代商业综合体都包含影城（见图 8-20）、游戏城等文化休闲消费区，有的还包括溜冰场等。影视娱乐区经常设于商业综合体裙房的顶层区。这个区域具有封闭独立的特点，内部区域照明相对比较暗，入口处是主要的对外联系区，因此入口处要特色突出、鲜明。

图 8-20　影城

六、休闲娱乐区

商业综合体的休闲空间常位于商业综合体的裙房顶部楼层，也可位于一般楼层的适当位置。这类区域主要有儿童游乐区（见图 8-21）、SPA 会馆、茶室等。

图 8-21 儿童游乐区

七、管理及设备用房

商业综合体地下一般需要建设至少两层。特别密集型的商业综合体地下要建设三层以上，在这种情况下，地下一层一般可以做经营用。商业综合体应有地下车库，还必须预留机械停车和非机动车停车区域，另外地下可设 600 ~ 1 000 m^2 的员工餐厅（含厨房），物业管理用房预留面积约 1 000 m^2。

思考与练习

1. 商业综合体室内设计的主要内容是什么？
2. 商业综合体的公用空间包含哪些？其设计要点分别是什么？
3. 商业综合体的主要商业空间有哪些？

技能训练九　实地考察商业综合体并搜集资料

训练目的

1. 实地考察商业综合体并现场搜集资料，了解商业综合体的布局与装饰。

2. 锻炼观察能力，将所学知识应用到实践中。

训练内容

1. 用笔记或者照片的形式总结收集的信息。

2. 分享收集与总结过程中对商业综合体新的了解与认知。

训练要求

了解商业综合体的整体布局及经营与装饰。

训练成果

梳理信息，系统阐述对商业综合体的再认识，并将成果发送到教师的邮箱。